新媒体视频创作与传播

主　编　邓庆丰　覃思源
副主编　王　潇　刘云云　刘明君　陈　鑫

中国水利水电出版社
www.waterpub.com.cn
·北京·

内 容 提 要

本书将新媒体视频类型划分为8个教学项目，通过执行项目的模式，对新媒体视频创作技术进行了较为全面的阐述。本书对标“全国职业院校技能大赛短视频创作与运营赛项”的要求，并结合当下新媒体的发展趋势编写而成。本书包含了新媒体视频的内容创作、拍摄技巧、编辑技巧、运营等知识，并巧妙地将基本的摄像技术融入各个项目教学中，符合职业技能学习规律。

本书可作为职业院校新闻传播类专业的教材，也可以作为有意从事新媒体视频创作和运营工作人员的指导用书。

图书在版编目（CIP）数据

新媒体视频创作与传播 / 邓庆丰，覃思源主编．
北京 : 中国水利水电出版社，2024. 12. -- ISBN 978-7-5226-2901-8

Ⅰ．TN948.4

中国国家版本馆CIP数据核字第2024FR5760号

策划编辑：周益丹　责任编辑：鞠向超　加工编辑：黄振泽　封面设计：苏　敏

书　　名	新媒体视频创作与传播 XINMEITI SHIPIN CHUANGZUO YU CHUANBO
作　　者	主　编　邓庆丰　覃思源 副主编　王　潇　刘云云　刘明君　陈　鑫
出版发行	中国水利水电出版社 （北京市海淀区玉渊潭南路1号D座　100038） 网址：www.waterpub.com.cn E-mail：mchannel@263.net（答疑） sales@mwr.gov.cn 电话：（010）68545888（营销中心）、82562819（组稿）
经　　售	北京科水图书销售有限公司 电话：（010）68545874、63202643 全国各地新华书店和相关出版物销售网点
排　　版	北京万水电子信息有限公司
印　　刷	三河市德贤弘印务有限公司
规　　格	184mm×260mm　16开本　9.25印张　202千字
版　　次	2024年12月第1版　2024年12月第1次印刷
印　　数	0001—2000册
定　　价	39.00元

前言

为了满足新媒体视频创作者以及影视教育工作者的实际需求，本书在吸收了传统的摄像理论和创作技法的基础上，结合当前新媒体视频行业的发展要求，采用项目式的编写模式，对新媒体视频创作的选题、拍摄、编辑、运营等知识进行梳理、分析、归纳、讲解和拓展。

本书对标“全国职业院校技能大赛短视频创作与运营赛项”的要求，从内容设计、拍摄技巧、编辑技巧等方面展开教学设计，并在项目执行过程中融入取景、构图、运镜、三镜头法、轴线法则、场面调度、布光、声音制作、剪辑与后期、设计分镜头脚本等摄像基础知识，并介绍了新媒体视频运营与传播技巧。本书采用活页式印刷，可结合当下新媒体发展形势调整或增减项目，教材内容紧跟行业发展需求，实现产教融合。

本书包括 8 个项目，分别为新媒体访谈类视频创作、打卡视频创作、微短剧创作、新媒体视频直播项目创作、AI 视频创作、竖屏视频创作、无人机航拍视频创作、新媒体视频发布与运营。每个项目分 8 个部分：项目导读、学习目标、项目要求、知识链接、课中自测、项目实施、作品展示、项目评价。

本书编写团队由高校教师及行业专家组成。邓庆丰（南宁职业技术大学教师）设计了教材体例和内容，并编写了项目 1、项目 2、项目 6，覃思源（天津师范大学博士研究生、南宁职业技术大学教师）编写了项目 3，刘云云（南宁职业技术大学教师）编写了项目 4，王潇（南宁职业技术大学教师）编写了项目 5，陈鑫（南宁市融媒体中心记者）编写了项目 7，刘明君（南宁职业技术大学教师）编写了项目 8。另外，南宁师范大学新闻与传播学院院长陈洪波教授对本书的编写提供了指导，黄婷婷、黄慧、丘东富、林俞成、陈嘉彬、黄承琪、龙姿婷等同学为本书教学案例视频和图片提供了支持，在此一并表示衷心的感谢！

目前，新媒体行业的发展日新月异，受编者学识所限，书中难免存在不妥之处，敬请广大读者指正批评。

编　者
2024 年 7 月

目录

项目1 新媒体访谈类视频创作

项目导读

访谈类视频是新媒体视频创作的内容之一，访谈类视频在传统的电视节目中经常出现，例如电视新闻节目中的街头采访、访谈节目中的人物专访等。新媒体访谈类视频从传统媒体节目中衍生而来，但具有自己独特的表现形式。新媒体访谈类视频是指采访者与受访者对某个话题进行讨论的视频。在抖音、快手、视频号等新媒体平台，访谈类视频占据一席之地，由于创作成本较低，是入门级的视频创作项目。

学习目标

1. 了解新媒体访谈类视频的类型及特点。
2. 了解新媒体访谈类视频的内容设计。
3. 掌握新媒体访谈类视频的拍摄、剪辑技巧。
4. 提高审美能力和艺术创造力。
5. 建立团队合作意识。

项目要求

本项目对接影视制作行业的相关岗位，如影视编导、视频制作、影像后期等，此类岗位需要具有良好的职业道德、爱岗敬业精神，有责任意识和创新意识，并掌握相应的摄像基本理论知识，具有较强的适应岗位的动手能力。

请同学们结合当下热点话题，策划一期校园访谈节目。访谈主持人和访谈对象可以由同学们扮演，也可以邀请嘉宾。5人组成一个摄像组，每组3台摄像机，制作一段5分钟左右的访谈视频。通过本项目的练习，让同学们参与到访谈节目的前期策划、中期执行拍摄以及后期剪辑合成的工作中，了解访谈节目的制作过程。

知识链接

一、初识新媒体访谈类视频

访谈类视频在新媒体平台上很常见，也是颇受用户关注的新媒体视频类型。由于制作主体、制作方式的差异，新媒体访谈类视频的表现形式、风格定位等也有所不同。在抖音、快手、视频号等新媒体平台上，传统媒体会将电视访谈节目进行二次剪辑创作，发布到其新媒体账号上。当然，也有越来越多的个人和传媒机构根据新媒体平台的特点，创作了大量适应平台传播规律和迎合受众观看习惯的访谈类视频。例如《齐鲁晚报》官方视频栏目《青年说访谈录》、自媒体《凉子访谈录》等。

案例展示

扫描二维码，观看新媒体访谈类视频。

新媒体访谈类视频

（一）新媒体访谈类视频的内容分类

1. *新闻时政类访谈*

新闻时政类访谈是指访谈者就当下新闻时事进行点评和阐述观点。视频内容重点围绕新闻时事展开。新闻时政类访谈节目经常会邀请专家学者、政要人物，对某一个时政热点阐述观点。这类访谈节目的制作要求相对较高，中央媒体、地方媒体等官方媒体制作的新闻时政类访谈更具权威性。例如央视新闻频道推出的《高端访谈》节目邀请各国政要开展访谈，该节目强调的是人物的高端性、访谈话题的前沿性和思想的广阔性，在央视新闻、央视频、央视网等新媒体平台也同步上线播出。

2. *人物经历类访谈*

人物经历类访谈是指在节目中邀请公众人物、学术权威、行业代表或经历特殊事件的人物等，讲述他们的经历、观点、感悟。这类访谈节目的核心是访谈对象，访谈对象的选取决定了节目内容的质量。例如自媒体账号“程前朋友圈”的访谈对象以“90后”创业者为主，聚焦小微企业创业的过程、草根创业的故事，能够引起不少群体的共鸣，因此在抖音、微信号等平台该账号的全网粉丝超过了1000万人。

3. *专业话题类访谈*

专业话题类访谈是指节目中的访谈内容为预设的专业话题，由相关人员对该话题进行讨论，如常见的财经类、情感类访谈节目。与人物经历类访谈不同，这类访谈节目的核心是访谈的话题，围绕话题选取相应的访谈对象。例如“CCTV生活圈”账号经常结合时令节气等节点，围绕百姓关心的健康、养生等话题开展访谈。

4. *随机类访谈*

随机类访谈是指在节目中随意采访普通的群众，获取群众的观点和感受。这类访谈节目时长较短，一般在视频中只有几句话，如央视新闻节目中设置的“您幸福吗？”街头采访，采访的对象包罗万象，大众对幸福的解读展示了当下中国人的生活状态和国家的发展情况。这类访谈具有不确定性，有时能有意想不到的效果。

（二）访谈类视频的特点和优势

1. 生动活泼，感染力强

访谈的本质是人的交流，人的情绪、状态、语气等能够通过镜头生动形象地传递给观众，让观众宛如与画面中的人物进行面对面交流。相比于文字，访谈类视频的感染力更强，观众通过访谈画面能更准确地接收信息并产生共鸣。这是访谈类视频最大的特点和优势。

2. 快速引流，吸引受众

访谈类视频是新媒体视频中相对容易引起受众关注的视频类型。例如访谈对象是名人或者专家学者，这本身就对公众有一定的吸引力和号召力，他们的访谈能吸引受众关注，更容易引流。

3. 短小精悍，冲击力强

新媒体访谈类视频的节目时长比传统媒体访谈类节目的时长短，一般为3～5分钟，长的有10分钟左右。新媒体访谈类节目的时长之所以更短，与新媒体平台的内容传播机制、观众使用手机等观看习惯有关。利用碎片化的时间刷短视频已经成为不少新媒体用户的习惯。虽然新媒体访谈类视频的时长短，但是访谈的内容更强调冲突和张力，在剪辑和包装手法上更具视觉冲击。

二、新媒体访谈类视频的内容设计

新媒体访谈类视频从传统媒体的访谈节目中衍生出来，在新媒体平台上传播。在内容的设计上，新媒体访谈类视频要具备新媒体内容传播的特点。

（一）满足用户需求

受互联网的开放性、平台的多样性、传播机制等因素的影响，新媒体内容的生产时刻要以用户为中心、满足用户需求。相较于传统媒体的访谈节目，新媒体访谈类视频的内容和表现形式更加多元化，在内容的选取上，要植入用户视角、满足用户的需求。用户的需求可以大致分为以下三类。

1. 娱乐消遣的需求

用户观看访谈视频的主要目的是消遣、放松、愉悦自己等。访谈的核心是人，展现的是人的观点、经历、故事等。在访谈内容的选择上，把有意思的人、新颖的观点、好玩的事情展现出来，用户在观看访谈视频时，能够从访谈的内容上有所收获，并感受到轻松和愉悦，满足娱乐消遣需求。

2. 解决困难的需求

生活中，人们总会遇到各种问题或困难，如这里的房子值不值得购买、学龄前的儿

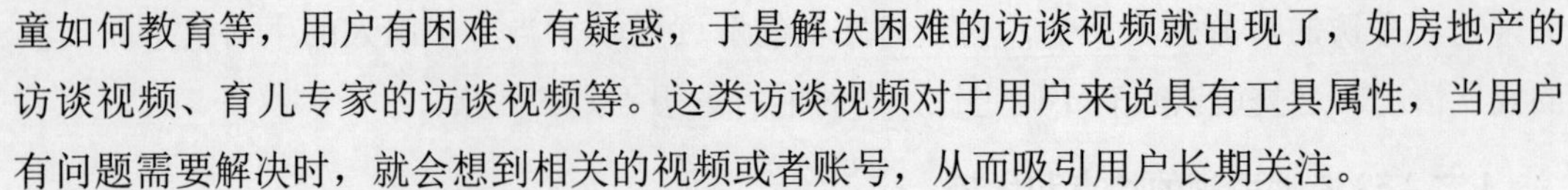

童如何教育等，用户有困难、有疑惑，于是解决困难的访谈视频就出现了，如房地产的访谈视频、育儿专家的访谈视频等。这类访谈视频对于用户来说具有工具属性，当用户有问题需要解决时，就会想到相关的视频或者账号，从而吸引用户长期关注。

3. 获取知识、信息的需求

人们使用新媒体还有获取知识、信息的需求。因此访谈视频的内容还可以提供知识、传递信息。例如对医学专家的访谈，介绍相关疾病的预防知识等。

（二）追寻热点，话题角度符合节目内容

热点话题、热点事件本身就具有流量，能引起人们的关注。在访谈类视频中融入热点话题、事件的探讨，更容易让产品的内容出圈，获得用户关注。比如科普类的访谈节目可以结合当下天气炎热、全球变暖、高温频现的热点，选择气候变暖的科普访谈内容。

在追热点时，关键是将此热点与节目的定位、风格融合，什么热点都去“蹭”，会造成内容过泛。新媒体视频内容越来越“垂直化”，所谓的“垂直化”是指视频的内容和选择的领域是一致的。例如，一个科普类的访谈节目，今天的内容是科普，明天又变成美食，后天又变成搞笑段子，这显然就不是一个垂直的内容。

（三）选择有话题、有流量的访谈对象

访谈的重点和关键是人物。人物选得好，内容就更容易成功。在选择访谈人物时，要选择有话题、有故事、大众普遍关心的对象，这些对象往往自带流量，能够帮助内容获得更多用户的关注。例如主打访谈类视频的“程前朋友圈”这个账号，挑选的访谈人物都是各行各业的创业者，有从事电商的，有从事奢侈品生产销售的，有从事传统行业的……创业者本身的创业经历就能吸引和打动用户。

（四）选择有传播价值的内容，传播正能量

新媒体访谈类视频在内容的选择和创作上，要遵守法律法规、道德规范。同时，访谈类视频的内容要对公众有知悉意义，具有传播价值，传播正能量。不能为了博眼球、引流量，传播和制作违法违规、破坏公序良德的内容。

拓展阅读

全国见义勇为勇士彭清林的访谈视频火爆全网

2023 年 6 月 13 日 13 时左右，快递员彭清林骑电瓶车路过杭州钱江三桥时，看到很多人围在一起往桥下江面张望。只见江水里有一名女子在扑腾，没一会儿，整个人就沉到水面之下。

彭清林不顾个人安危，从大约 15 米高的大桥上跳入江中，强忍冲击造成的疼痛对落水者展开营救。彭清林见义勇为、舍命救人，获得全国见义勇为勇士称号。

全国很多媒体对彭清林的事迹进行了报道。在最初阶段，彭清林纵身一跃的画面在自媒体上得到广泛传播。事件发生后，公众好奇到底是怎样的一个人，可以不顾个人安危去为陌生人拼命，这时如果能够做一期人物访谈，就可以满足观众的好奇心，同时也为人物的后续报道提供了更多的素材。在救人事件被广泛报道后不久，央视《面对面》栏目就对彭清林进行了专访，其访谈视频在央视新闻的抖音号、视频号等账号播出，获得了数万网友的点赞。彭清林在访谈中表现出的淡泊名利、舍己救人的精神品质，再次成为人们的美谈。新媒体访谈类视频成为了宣传正能量的重要渠道。

三、访谈视频拍摄的前期准备

（一）摄像器材的准备

常规的访谈视频可以分为两类准备：一类是人物访谈；另一类是户外采访。

1. 人物访谈设备准备

在人物访谈的视频中，一般出现两个人物：一个是采访者，如节日主持人、记者等；另一个是受访者，他是视频中最主要的人物，也是拍摄的重点。某些人物访谈视频也可以把采访者隐去，只出现受访者。

在人物访谈视频拍摄时，一般要设置 3 ～ 4 台摄像机，摄像机要配备三脚架、录音设备等。在条件允许的情况下，还要给人物布光，准备摄像灯光器材。

2. 户外采访设备准备

户外采访随机性、灵活性强，往往需要摄像师随机而动，一般只需要一台摄像机即可。摄像机上可以配备机身光源，必要时补充光线，以免出现人物脸部光线不足的情况。户外采访还要准备轻便的录音设备。

3. 常用摄像设备

（1）数字摄像机。数字摄像机是专业的摄像设备（图 1-1），拍摄画质好，设备质量较重，适合配合三脚架使用。

（2）数码相机。数码相机按用途分为单反相机（图 1-2）、微单相机等，质量较轻，方便携带。

图 1-1　数字摄像机

图 1-2　单反相机

（3）具有拍摄功能的手机。如今的智能手机具有较强的摄像功能，还带有一定的滤镜功能，可以作为摄像设备来使用。手机拍摄视频如图 1-3 所示。

图 1-3　手机拍摄视频

（4）麦克风。可分为无线麦克风（图 1-4）和有线麦克风（图 1-5），两者各有优势。有线麦克风连接摄像机，信号接收稳定，因有一条连接的线，有时会对摄像机的移动造成影响。无线麦克风移动方便，但是信号容易受干扰，影响收音效果。

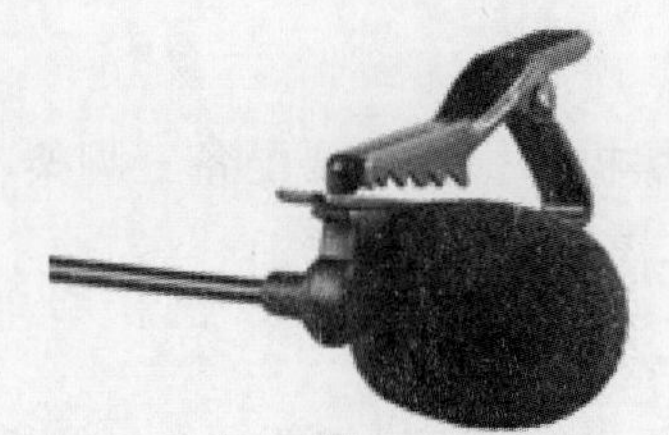

图 1-4　无线麦克风

图 1-5　有线麦克风

实操提示：在使用无线麦克风时，要注意麦克风的指向性，一般将麦克风夹在衣领的位置以便更好地收音。另外，在外拍时，要检查电量是否充足，最好边拍摄边监听以便及时发现收录声音过程中出现干扰的情况。

（5）三脚架。三脚架用于固定摄像机，在座谈时，要用三脚架；在街头采访时，为了移动方便，可以手持摄像设备，不使用三脚架。三脚架如图 1-6 所示。

图 1-6　三脚架

实操提示：凡是条件允许的情况，都要使用三脚架，特别是在长焦距，推、拉、摇等运动镜头的拍摄中，使用三脚架可以获得更好的画面。

（二）采访提纲的准备

1. 人物访谈提纲准备

访谈提纲是指采访者在采访前拟定的访谈话题、访谈顺序或步骤等，它起到把控访谈内容和方向的作用。一般情况下，采访者可以携带访谈提纲进行视频录制，如果访谈内容比较短，也可以将提纲熟记，不带到现场。

访谈提纲的设置要因人而异，在写访谈提纲时，要提前收集访谈话题的相关资料、受访人物的相关背景，根据采访的主题拟定问题和问题的顺序。采访问题的设计要简单、直接、针对性强，让人一听就懂，同时要确保问题的专业性。如对行业专家的采访，需要了解相关的专业知识，问题才能更具专业性和针对性，并达到理想的访谈效果。访谈提纲没有定型的格式，它是方便采访者开展访谈的提示，可以结合访谈的内容制定。下面给出一种访谈提纲的格式（表 1-1），仅供参考。

表 1-1　访谈提纲格式

访谈提纲		
受访者：	主题：	访谈时长：
访谈问题		
举例： 1．让受访者先简单自我介绍，描述事情的经过 2．围绕访谈主题，一步一步设计问题 3．抛出公众关心的话题 4．挖掘细节，寻找访谈内容的亮点		

实操提示：一般情况下，人们在面对摄像机镜头时都会有一点拘束，这可能会影响到访谈的效果。要让访谈者在镜头前真情流露，就要设计好访谈提纲。在采访开始时，先不要急于求成把最想问的问题抛出来，而是要先利用一些寒暄、夸赞、请教等客套话，让采访对象放下拘束。另外，访谈提纲要控制访谈时间，一般一个小时的采访要设计 8 ～ 10 个问题。

2. 户外采访提纲准备

户外采访具有不确定性和不可控性。访谈提纲可以不带到现场，在问题的设计上，尽量简单明了，让受访者能够准确了解问题。同时，要根据实际情况对问题做出调整，以便达到理想的访谈效果。

（三）访谈场地的选择

1. 选择与访谈内容相符的场地

访谈视频一般在固定的场地拍摄。场地的选择尤为重要。要选择与访谈内容相符的场地，这样能让访谈显得更专业，也能让访谈者在自己熟悉的领域里更放松、更自在地表达。例如要做一期以世界图书日为内容的访谈，并要采访图书馆馆长，场地就要选择在图书馆里，让访谈的背景出现书架、图书等物品。

2. 户外采访要注意环境对画面的影响

访谈视频要尽量做到画面的美观。在户外采访时，往往更考验拍摄者对场地的选择。在征得采访对象同意以后，要尽量确保采访对象的脸部光线均匀，避免出现逆光或者阴阳脸等情况。同时，要确保画面的背景不要出现杂乱的招牌、灯杆等物品，不要出现采访对象脑袋“长异物”等情况。采访构图错误案例如图 1-7 所示。

图 1-7　采访构图错误案例

（四）服装的选择

1. 穿与职业相符的衣服

在进行人物访谈时，访谈对象的服装要得体大方，尽量选择与人物职业相符的着装，这样能让访谈更专业。

2. 避免纯白的衣服

在访谈时，如果受访者穿纯白的衣服会使得人物的脸部出现过暗、发黄、发黑等情况。为了让脸部的曝光正常，白衣服就会曝光过度，衣服的层次感就被减弱，并呈现白茫茫一片的情况。采访时，尽量穿颜色深一点的衣服，这样才能让脸部和着装呈现协调的拍摄效果。

3. 户外采访要注意受访者的着装

在户外选择采访对象时，要注意他们身上穿的衣服，并判断是否能够出现在视频中。比如有一些受访者穿印着特殊图案或者英文字母的衣服，此时要谨慎判断图案是否符合大众接受的范围，也要注意甄别一些有特殊含义的英文俚语。

四、访谈视频的拍摄技巧

访谈视频的拍摄技巧是本项目的学习重点和难点，要拍好访谈视频，需要结合摄像基础知识中景别和角度的使用技巧，合理地设计访谈视频的画面。

（一）景别的使用

访谈视频一般采用固定机位拍摄，画面主体为访谈对象，观众长时间观看一个固定的人物时会产生审美疲劳。因此，需要利用不同的景别、角度、机位去影响和吸引观众的注意力。在设计访谈视频画面前，先要了解摄像基础知识——景别，掌握景别的使用，可以更好地帮助拍摄者在各种场景拍摄时准确、有效地设计画面。

1. 景别的概念

景别是摄像中常用的术语。一般情况下，以被摄主体在画框中占据的面积大小来划分景别。常见的景别有远景、全景、中景、近景、特写。

（1）远景。远景是最大的景别，一般用来介绍环境，渲染氛围。在远景的画面构成中，被摄主体所占的画面比例很小（大概 1/5）。远景的拍摄要注意展示被摄主体所处的环境，并把被摄主体放在恰当的画面位置，突显环境与被摄主体的关系。远景一般用于开场的第一个画面，介绍人物位置关系，展现场景的空间、规模、气氛等。远景如图 1-8 所示。

图 1-8　远景

（2）全景。全景是展现人物全身或建筑物全貌的景别。在全景的画面构成中，被摄主体的全貌在画框内，观众可以清楚地看清被摄主体的整体轮廓。全景与远景一样，都属于大的景别。全景的主要功能是介绍被摄主体与环境的关系，与远景相比，全景可以更好地展现被摄主体的形状、质地、动作、神态等细节，并且能展示被摄主体与周围环境、物体的关系。全景如图 1-9 所示。

图 1-9　全景

（3）中景。中景主要指被摄物主体在画框中出现局部的景别。在访谈视频拍摄时，中景展现出人物膝盖以上的躯体。中景能把人物的动作、姿势以及人物间的互动更好地展现出来。中景如图 1-10 所示。

图 1-10　中景

（4）近景。近景是比中景更小的景别，它同样是展现被摄物主体的局部，在访谈视频拍摄时，近景展现人物腰部以上的躯体。用近景拍摄人物可以更好地展现人物脸部表情和细微的动作。近景如图 1-11 所示。

（5）特写。特写是展现被摄物主体的局部的景别。在访谈视频拍摄中，特写展现的是人物肩部以上的躯体。特写表现人物的眼神、脸部肌肉、嘴巴等细微的动作。由于特写已经不符合人眼正常的视觉经验，因此，特写镜头一般起到强调、突出的作用。特写如图 1-12 所示。

图 1-11 近景

图 1-12 特写

2. 访谈视频景别的使用技巧

掌握了景别的概念和功能以后，就可以用景别的知识来设计访谈视频的画面，在访谈视频拍摄时，人物和内容决定了景别的使用。在访谈视频中，合理地利用景别能够让相对单调的视频更加具有观赏性。一般情况下，需要拍摄三类景别的镜头。

（1）拍摄远景、全景镜头。在人物访谈时会出现主持人（记者）和受访者两类人物。在访谈视频中，需要拍摄远景和全景镜头（图 1-13），把访谈的双方都框进画框里。使用远景、全景等大景别的镜头，可以展现访谈所处的地点以及访谈双方的位置关系。

图 1-13 访谈全景，介绍位置关系

实操提示：在一些相对狭小的访谈空间或者访谈背景相对复杂的环境中，可以不用远景。因为如果采用了远景，会显得采访环境过于狭窄或背景杂乱，另外，新媒体访谈类视频一般在手机等媒介播放，相对小的屏幕可以忽略远景的作用。

（2）拍摄中景、近景镜头。在人物访谈中使用最多的是中、近景镜头。因为访谈一般采用座谈的形式，中、近景镜头能够更好地展现人物腰部以上的躯体，让人物的表情、动作更清楚地展现在观众面前。而且中、近景镜头与正常人与人之间交流的视觉经验相似，镜头更自然、更有亲和力（图 1-14）。

图 1-14　访谈过肩镜头，强调交流感

实操提示：人物作为画面的主体，不要居中构图，应该把人物放置在画面的黄金分割线，大概屏幕 2/3 的位置，这样的构图能够体现出交流感，也更加美观。近景会暴露人物身上更多的细节，如果在拍摄时发现人物的领子没翻好、额头出汗等影响人物形象的细节，要及时提醒并进行适当处理。

（3）拍摄特写镜头。特写镜头有强调、突显的作用。在人物访谈时，为了展现人物情感的流露，如流眼泪或者脸部肌肉的颤动等细节，往往使用特写镜头（图 1-15）。通过特写能够把人物的情绪更好地展现出来，也起到提醒观众、感染观众的作用。但是特写镜头不能使用太频繁，一般在要强调、突显人物某个情绪时才使用特写镜头。

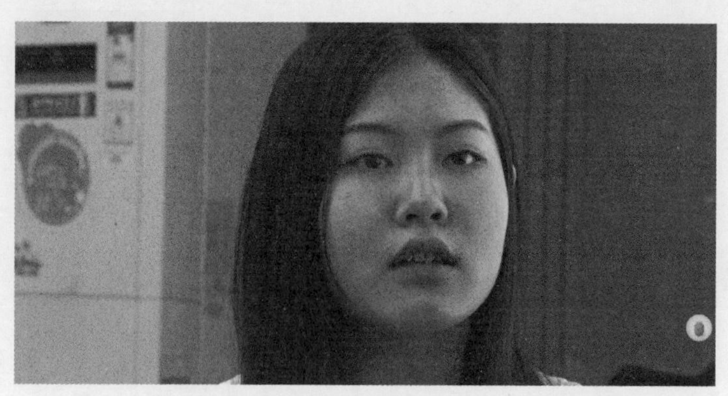

图 1-15　访谈特写镜头

实操提示：在访谈过程中很难判断人物情绪的变化，如果要捕捉到人物情绪变化的特写镜头，就必须要保持特写的状态一直记录。因此在条件允许的情况下，可以专门布置一台摄像机拍摄特写镜头。

（二）拍摄角度的使用

在设计好访谈视频的景别后，距离拍好访谈视频已经成功了一半。接下来要设计拍摄角度，也就是拍摄的方向和拍摄高度。这块内容也是摄像的基础知识，掌握好拍摄方向和拍摄高度可以更好地拍摄各种场景。

（1）拍摄方向。拍摄方向是摄像机镜头与被摄对象在水平平面上的相对位置。随着拍摄方向的变化，拍摄方向可以大致分为正面角度、侧面角度、背面角度等。

1）正面角度。正面角度是指摄像机处于被摄对象的正面方向的角度（图 1-16）。正面角度可以充分展现被摄对象的横向线条，产生对称、平稳的效果。用正面角度拍摄人物时，可以把人物正面的脸部表情、神态完整地展现出来，适合表现面对面交流的情景，如电视新闻节目中，主持人一般采用正面角度拍摄。

图 1-16 正面角度

2）侧面角度。侧面角度是指摄像机处于被摄对象正侧面方向的拍摄角度（图 1-17）。侧面角度可以表现被摄对象侧面的轮廓形状。人物的视线看向画面的侧方时具有交流感。侧面角度一般用于拍摄人物之间的互相交流的场景。

另外，介于正面角度与侧面角度之间的角度，可以称之为斜侧角度。斜侧角度具有正面和侧面两种角度的优势，可以更为立体地展现被摄对象。

3）背面角度。背面角度是指摄像机处于被摄对象的背面方向的角度（图 1-18）。用背面角度用于拍摄人物时，展现的是人物的背面。摄像机的视线与观众的视线一致，往往会让观众产生参与感。背面角度一般用于跟踪式的拍摄，具有较强的现场纪实效果。

图 1-17　侧面角度

图 1-18　背面角度

（2）拍摄高度。拍摄高度是指摄像机镜头与被摄对象在垂直平面上的相对位置或相对高度。根据拍摄高度的变化，拍摄高度一般可以分为平角度、俯角度、仰角度等。

1）平角度。平角度是指摄像机镜头与被摄对象处于同一水平线上的角度（图 1-19）。平角度符合人们观看物体的视觉习惯，给人产生平等、客观的感觉，是最为普遍的拍摄角度。

图 1-19　平角度

2）俯角度。俯角度是指摄像机镜头高于被摄对象水平线的拍摄角度（图1-20）。俯角度有利于展现环境，一般用于航拍画面。该角度用于拍摄人物时，有一种俯视的感觉，可以使人产生藐视、压抑的心理效应。

图1-20 俯角度

3）仰角度。仰角度是指摄像机镜头低于被摄对象水平线的拍摄角度（图1-21）。仰角度产生从下往上、从低到高的视觉效果，一般用于展示高大雄伟的建筑物。该角度用于拍摄人物时，可以使人物产生崇高伟岸之感。

图1-21 仰角度

（三）访谈视频机位设计

掌握了景别、摄像方向和拍摄高度的知识，在设计访谈视频镜头时要合理地布置机位，可以通过访谈视频的三个基本画面构成设计机位。

1. 设计展示环境、人物的镜头

在访谈视频中，要设计展示访谈者所处的环境以及访谈双方的位置关系的镜头。这种镜头使用较少，一般用于开场或者结束，以及在画面剪辑中作为空镜头使用。访谈全景镜头一般将一台摄像机布置在访谈双方的中间，采用远景或全景的景别。摄像机的高

度应该尽量与采访者的头部高度持平或略高于采访者的头部。机位不能太高，应该用平角度来展现，如果机位太高，会出现俯拍的情况并使观众出现被审视的观感。访谈全景机位图如图 1-22 所示。

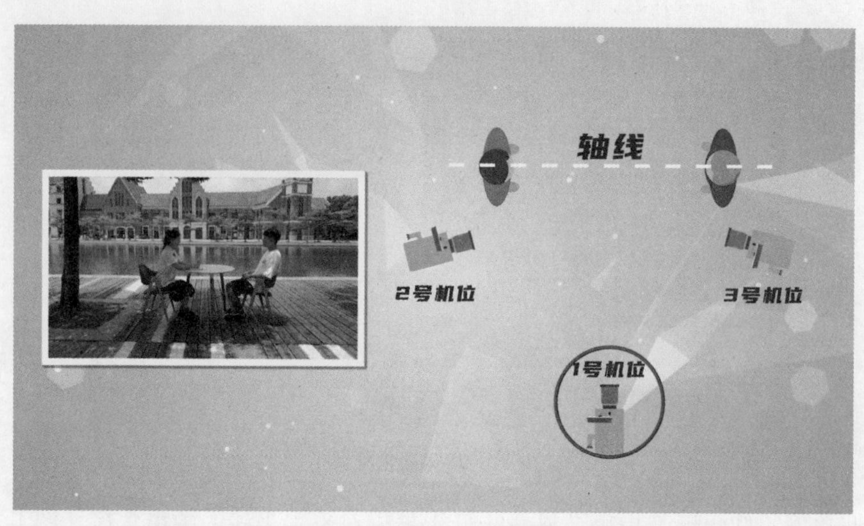

图 1-22 访谈全景机位图

2. 设计单个人物半主观镜头

单个人物镜头是访谈视频中使用最多的镜头，一般采用中、近景的景别。半主观镜头需要把摄像机架设在人物脸部的前侧，摄像机的光轴在人物脸部 45 度的角度，人物设置在画面 2/3 的位置，这样拍摄出来的画面既有交流感也有亲和力。仿佛观众就坐在主持人旁边，一同倾听访谈者的故事。在访谈时，除了重点布置拍摄访谈者的机位，也要给主持人（记者）布置拍摄机位，以用于记录提问或者双方的交流。半主观镜头机位图如图 1-23 所示。

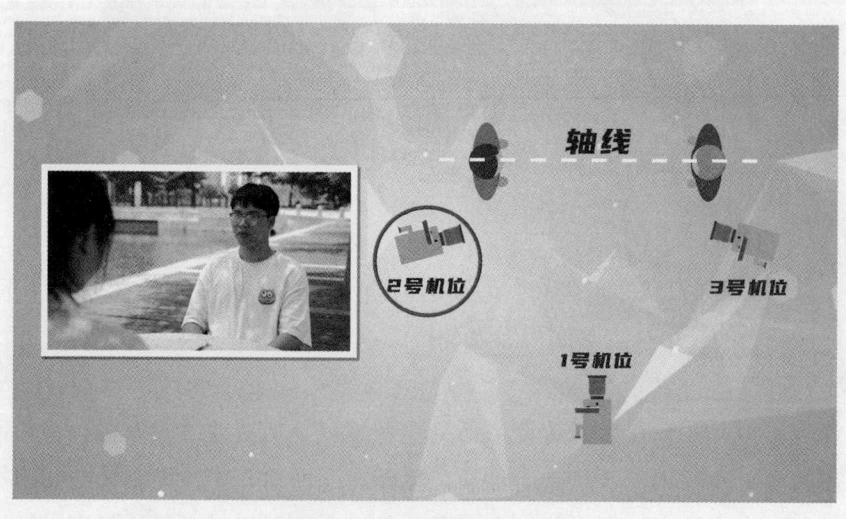

图 1-23 半主观镜头机位图

3. 设计单个人物主观镜头

在访谈视频中，主观镜头一般模仿的是主持人（记者）的视觉。因为主持人与受访者面对面交流，他能看到受访者的正脸。在拍摄时，需要把摄像机架设在主持人后方，采用近景或者特写的景别模拟主持人的视点。主观镜头能够最真实地传递出受访者的情绪，带给观众的交流也最直接。但是这种镜头不宜在访谈中过多使用，因为主观镜头拍摄的是人物的正脸，而且人物的脸部在画面的中间，景别又相对较小，这类居中的镜头会显得画面较为呆板。主观镜头机位图如图 1-24 所示。

图 1-24 主观镜头机位图

实操提示：访谈视频要体现出双方的交流感，有谈就有听。因此，在访谈过程中，要注意拍摄一些记者的“倾听镜头”，这种镜头合理地穿插在访谈中，可以提升交流感。另外，为了方便后期剪辑，需要在访谈现场，抓取一些物体的特写，比如桌面上的摆放物件、采访的麦克风等。这些特写可以在后期剪辑时作为过渡镜头，削弱剪辑带来的跳跃感。

五、访谈视频的剪辑技巧

访谈视频一般用 3 ～ 4 台摄像机采用固定机位拍摄。访谈的形式决定了拍摄时要全程录制，所以每一台摄像机要做好分工，这样才能确保拍摄出来的画面都能服务后期制作。

1. 注意景别的叙事规律

在后期制作时，要注意景别的叙事规律。不同的景别叙事功能不一样。远景和全景的主要的叙事功能是展现环境、渲染氛围。中、近景主要展现人物的动作、表情等细节。特写起到强调和突显的作用，在人物访谈中多用于展现人物的心理活动和情感流露。在景别的编辑组合上一般采用从大到小的叙事规律。先用远景、全景展现访谈的环境以及访谈双方的位置关系，再用中、近景展现访谈者的访谈过程。在访谈视频中，穿插特写镜头突显访谈者的情绪变化等细节。

实操提示：人物在访谈时，难免会出现磕巴或者舔舌头等影响画面质量的情况，特别是中、近景镜头会放大这些“瑕疵”。因此需要避免这类镜头的使用，在遇到这些“瑕疵”时，可以用全景覆盖，也可以用访谈环境中的特写物品，如麦克风、摆放的花瓶等物品覆盖。

2. 多用半主观镜头

在访谈视频中，访谈者是最主要的人物，因此在整个访谈视频中，访谈者应占据最多篇幅，主持人只是起到穿针引线的作用。要突出访谈者就要多拍摄半主观镜头，一般半主观镜头要占到总镜头量的八成以上。

3. 用剪辑制造爆点

在新媒体访谈类视频中，往往由于时长的限制，不能将整个访谈过程原原本本地展现出来。因此在访谈视频中，一般会将访谈的精华或者访谈者讲话的要点，以及能引起观众兴趣的言论放在访谈视频的最前面，类似于节目预告。如果观众在前 10 秒钟能够被访谈的内容吸引，往往就会不知不觉地将整个访谈视频看完。

实操提示：两极景别的组接可以起到强调的作用。例如用访谈的全景组接人物的脸部特写，从最大的景别到最小的景别的组接会营造更明显的跳跃感和节奏感，从视觉上刺激观众的观感，也起到强化这个时刻访谈内容的重要性的作用。在新媒体访谈类视频中，这种跳跃感大的剪辑手法十分常见，因其会给视频带来更强的节奏感和冲击力，很符合新媒体视频的传播特点。

4. 巧用字幕和音效

新媒体访谈类视频的播放媒介通常为手机，受到使用场景的影响，一般要给访谈视频增加字幕和音效。字幕起到突显关键信息、补充说明的作用，让观众即使关掉声音，也能通过看屏幕的字幕了解到视频的内容。而适当的音效可以起到画龙点睛的作用。例如传统的养生保健内容访谈就可以选择中国风的音乐。在一些有热点、争议点的言论中使用特殊音效，可以让画面的冲击力更强，传递的效果更强烈。

实操提示：使用配乐时，音量不要盖过访谈的人声音量，选曲要符合访谈的内容和访谈的氛围，同时要注意音乐的版权。使用字幕时要注意与画面主体相互配合，在新媒体视频中，字幕的位置不再局限于屏幕的底部，反而可以出现在任意位置，但前提是不影响画面主体的表达，最好能起到完善构图的作用。字体和颜色的选择要和整个账号的定位相符合，在做一系列的访谈视频时，需要统一字幕的包装效果。

课中自测

1．在人物访谈时，常用的景别和拍摄角度有哪些？

2．在街头随机采访中，一般需要一个交代性镜头，这个镜头怎么拍摄？

3．如果要策划一期校园预防艾滋病主题的访谈，请选择合适的访谈对象。

4．如何使新媒体访谈类视频更具网感？

项目实施

访谈视频项目实施列表

<table>
<tr><td colspan="5">项目名称：</td></tr>
<tr><td>组长：</td><td>副组长：</td><td>成员：</td><td>成员：</td><td>成员：</td></tr>
</table>

<table>
<tr><th colspan="4">实施步骤</th></tr>
<tr><th>序号</th><th>内容</th><th>完成时间</th><th>负责人</th></tr>
<tr><td>1</td><td>制定拍摄方案</td><td></td><td></td></tr>
<tr><td>2</td><td>撰写访谈大纲</td><td></td><td></td></tr>
<tr><td>3</td><td>选定访谈人员</td><td></td><td></td></tr>
<tr><td>4</td><td>选定摄像人员</td><td></td><td></td></tr>
<tr><td>5</td><td>租借摄像器材</td><td></td><td></td></tr>
<tr><td>6</td><td>选定拍摄场地</td><td></td><td></td></tr>
<tr><td>7</td><td>组织道具、服装设计和化妆等</td><td></td><td></td></tr>
<tr><th colspan="4">实操要点</th></tr>
<tr><td>1</td><td colspan="3">撰写访谈大纲。提前采访访谈对象，并结合主题罗列 10 个左右访谈问题；主持人提前背稿，尽量做到不看提纲提问</td></tr>
<tr><td>2</td><td colspan="3">摄像过程中，保持拍摄环境安静。现场可以布置 3 台摄像机，注意机位的摆放，每台摄像机拍摄的景别、角度不同，分别拍摄全景、中景、特写等镜头；使用客观镜头、主观镜头和半主观镜头</td></tr>
<tr><td>3</td><td colspan="3">后期剪辑时，巧妙利用字幕和音效体现出新媒体访谈类视频的网感</td></tr>
</table>

作品展示

以小组为单位，上台分享创作心得，在课堂上进行作品展示。教师点评，学生互评，并利用课后时间修改作品，提升专业技能。

项目评价

访谈视频项目评价表

项目名称：

评价项目	评价因素	满分	自评分	教师评分
访谈内容	创意独特，具有积极正面的价值观，能够引起目标受众的情感共鸣	20		
	内容扎实、新颖、可看性强、有风格	5		
访谈对象	人物选取合理，与主题相符	10		
	思路清晰、谈吐自然	5		
主持人	谈吐自然、服装得体	5		
	提纲准备充分，善于提问，访谈话题深入、过程流畅	15		
摄像	景别丰富、构图完整	10		
	视频画面风格与内容相符	10		
后期编辑	景别运用合理，画面、转场方式过渡自然	10		
	合理运用字幕、音效	10		
总分				
综合评分：自评分（50%）+ 教师评分（50%）				

项目完成情况分析	
优点	缺点

整改措施

项目2 打卡视频创作

项目导读

“打卡”一词原意指上下班时刷卡记录考勤。在新媒体领域，“打卡”的衍生意思为到某个地方或拥有某个事物。在新媒体视频中，打卡网红景点、网红餐厅、网红文艺场所等视频非常丰富，呈现的方式主要为账号博主体验景点、餐厅、艺术馆等场所，通过吃、喝、玩、乐等行为的展示，吸引受众关注。打卡视频是新媒体视频的重要类型，也成为重要的宣传和营销手段。

学习目标

1．了解打卡视频。

2．了解打卡视频的类型、特点。

3．了解打卡视频的内容设计。

4．掌握打卡视频拍摄技巧。

5．掌握打卡视频剪辑技巧。

项目要求

请同学们结合本地旅游和美食资源，创作一期3分钟左右的打卡视频。3～5人组成一个摄像组，制作完成视频后，发布到抖音平台。打卡视频的创作需要具备基本的运动摄像技能，拍摄时要充分展示出镜博主的体验过程，在内容设计上既要体现博主的个人风格，又要充分展示打卡点的特色。

知识链接

一、初识打卡视频

看电影要晒一下票根、旅游要晒一下美景、去餐厅用餐要晒一下菜品，甚至买了杯奶茶也要举着杯子拍一下。随着社交媒体的普及，越来越多的人喜欢在社交媒体上“打卡”，并分享和交流自己的生活。

在抖音、快手等平台上，搜索“打卡”会出来一系列视频，比如视频里博主会建议去西安旅游一定要去大唐不夜城、回民街打卡，去杭州旅游要吃西湖醋鱼等。打卡热催生了一系列以拍摄打卡视频为主的账号，带动了旅游、餐饮等产业的发展，很多城市的官方账号也制作了详细的旅游购物“打卡”清单。

案例展示

广西文化和旅游微信公众号推出了广西首批 100 个“文化旅游打卡点”（图 2-1），以宣传和推广广西的特色景点、餐饮、文化等资源。打卡视频成为地方政府推荐本地资源的重要手段之一。

图 2-1　广西文化和旅游微信公众号截图

扫描二维码，观看打卡视频。

二、打卡视频的类型

（一）景点类打卡视频

景点类打卡视频是指视频发布者对旅游景点进行拍摄，并发布到社交媒体上的视频。打卡的内容以自然景观、城市风貌、田园风光等为主。小到一棵树，大到一座城市，经过社交媒体传播后，都有可能成为网红打卡圣地。例如有人在抖音上发布了重庆的地标性建筑洪崖洞与宫崎骏动画电影《千与千寻》中的建筑有相似之处的视频，获得了网友的关注和点赞，于是在抖音里跟风“打卡”洪崖洞的视频层出不穷。抖音上搜索“洪崖洞”“# 洪崖洞”打卡等相关短视频的播放量超过 40 亿次（图 2-2）。重庆也因此被冠以网红城市的称号。城市的网红现象在一定程度上促进了当地的旅游业发展。

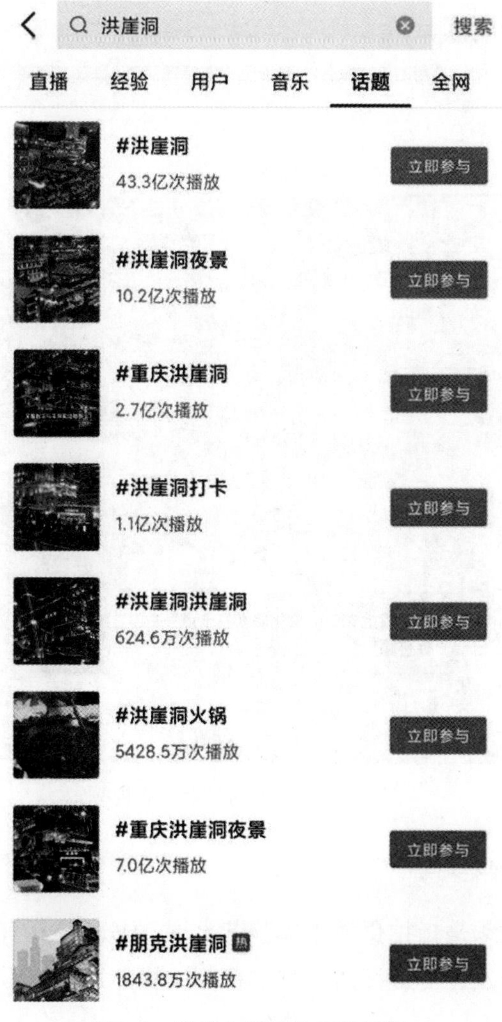

图 2-2　抖音上洪崖洞相关话题

（二）美食探店类打卡视频

美食探店类打卡视频是指视频博主走街串巷，寻找美食店，进店消费并拍摄食物、餐厅环境，分享就餐体验和美食的视频。在抖音平台上关于美食探店视频的播放量超过2500亿次（图2-3），这类视频更强调“我在场”的感觉，通过切身体会，让美食探店类打卡视频吸引他人关注和点赞，例如抖音账号“姚老板在北京”是一个专门打卡世界各地网红甜品店的自媒体网络红人，粉丝数量超过100万，视频播放量超过3500万，是美食探店类打卡视频中传播效果较好的账号。

图2-3 抖音上的美食探店视频

（三）文化体验类打卡视频

文化体验类打卡视频是指拍摄博主体验艺术展、书店等具有文化艺术气息的场所的视频。这类视频也与景点、美食探店类打卡视频一样，通过打卡者的出镜体验，让观众有一种身临其境的真实感。

三、打卡视频的特点

（一）短小精悍、节奏快、冲击力强

打卡视频要想取得良好的传播效果，内容必须具有吸引力并且时长较短，一般打卡视频的平均时长在30秒～3分钟，在较短的时间内，展示较为丰富的画面内容。通过景别、特效、音效、字幕、出镜等元素的结合，营造出强烈的视角冲击感，让观众在快速变化的画面中不知不觉地观看完视频。

（二）第一视角拍摄，体验感强

打卡视频强调的是视频博主的主观体验，视频博主对美食的评价、对景区的游玩体验、对文化场所的感受等都带有强烈的个人风格或者戏剧色彩。他们会通过体验给观众提供建议，例如“天啊，好吃到犯规哎，这款一定要试一试”或者“不值得，不要踩雷”等。在拍摄上，通过主观镜头，让观众觉得博主的视角就是观众的视角，让观众在观看视频时产生强烈的体验感。

（三）有助于商业宣传推广

在网红经济的推动下，越来越多的自媒体用网红打卡的方式促进内容营销和流量变现。短视频平台中一个打卡视频的宣传效果可能高于商家的自我推广。打卡视频博主的账号粉丝数量越多，其商业价值越高。很多百万级粉丝的博主会收到美食店、景区的邀请，去发布打卡体验的视频。这些带有商业宣传目的的打卡视频，往往具有一定的表演性质，视频博主“演出”体验的成分更高。

拓展阅读

2023年5月1日起实施的《互联网广告管理办法》（国家市场监督管理总局令第72号）明确规定，通过知识介绍、体验分享、消费测评等形式推销商品或者服务，并附加购物链接等购买方式的视频，发布者应当显著标明“广告”。

四、打卡视频的内容设计

传统的电视媒体中，有一类围绕旅游景点、美食餐厅等内容进行宣传介绍的节目。而新媒体打卡视频可以理解为这类视频的缩小版。打卡视频的制作成本较低，甚至一个人、一台手机就能制作，与传统的电视节目不同，新媒体打卡视频的内容设计要结合其特点设计。

（一）凸显体验感和现场感

打卡视频强调的是视频博主的“在场”感。整个视频由博主的介绍串联起来，可以遵循逻辑顺序展开。在视频的开头，要开门见山，点明主题，介绍打卡场所，可以先介

绍打卡场所的地址、外观等。中间环节是视频的重点，要展示体验的过程，并突出体验的亮点，如餐厅中的必吃美食或者景区中著名的景点、游玩的注意事项等。在打卡过程中，博主要真吃、真玩、真体验，并把整个过程呈现出来，营造出强烈的体验感和现场感。视频结尾要对体验给予简单的综合评价，例如“值得种草”或“避免踩雷”等。

（二）设置悬念，提升完播率

抖音、快手等平台都有一整套完整的流量规则，其中视频的完播率是考量之一。完播率是指能够完整看完视频的人数比重。完播率越好、视频播放量越高，越容易成为爆款视频。要吸引观众完整地看完视频，可以利用设置悬念的技巧。博主要巧妙地卖关子、抖包袱。在体验的过程中可以通过出镜语言设置悬念，例如“今天要品尝的这块糕点，厨师使用了一道神秘的食材”“今天打卡的景点，背后有个动人的传说，我们往下看就能找到答案”“视频结尾有惊喜”等。

（三）设计出镜风格，形成鲜明的个人特点

视频博主在打卡视频中起到至关重要的作用。可以结合个人的特点，打造固定的人设和出镜语，这能让观众更好地记住博主从而关注账号。例如账号“厦门阿波”，博主是导游出身，具备专业的知识，在账号视频中，博主的名字叫阿波，与账号名称一致，亲切又朗朗上口。作为旅游博主，他的旅游打卡视频因为专业生动的讲解获得不少于 10 万的点赞，他的出镜语具有互动性强的特点，在游览到一些名胜古迹时，经常号召网友在公屏上打出祈祷的祝福语，网友成片的祝福成为他旅游打卡视频中的鲜明特点。

五、打卡视频的拍摄准备

（一）摄像器材的准备

打卡视频因为要经常使用运动镜头，摄像师要随着博主走动，因此在设备的选择上，尽量使用轻便的摄像器材，为了画面的稳定，还要使用稳定器等设备。常用的器材包括摄像机、手机、稳定器、航拍器材、收音设备等。

（二）出镜人物准备

拍摄打卡视频最重要的是出镜人物。出镜人物是视频的核心，在整个打卡过程中起到穿针引线、介绍与推广打卡点的作用。在拍摄前要考虑人物的着装，人物在出镜时要与介绍的内容协调，如不能穿着晚礼服去体验户外登山项目。另外，为了打造固定人设，出镜人物也可以穿着具有个人风格和特点的服装。

（三）提前踩点，制定拍摄方案

在拍摄前一定要先提前踩点，熟悉打卡点的情况，明确拍摄内容、拍摄地点、拍摄时间等，如打卡美食餐厅，要提前了解餐厅的特色环境、营业时间、特色菜品等。如果

是受到商家邀请，则要结合商家的宣传需求来创作，以便更好地宣传推广。为了顺利完成拍摄还要制定详细的拍摄方案。

拍摄方案没有固定的模板，一般情况下主要包括打卡视频的基本信息、人员分工、时间安排、经费预算等。下面提供打卡视频的拍摄方案，该方案仅供参考。

打卡视频拍摄方案

一、概况

（一）打卡视频名称

（二）视频主要内容

二、人员分工

序号	成员	职责	备注
1		导演、出镜主持	
2		摄像、剪辑、后期	
3		服装、化妆、道具	
4		后期保障	

三、拍摄周期

序号	制作过程	计划完成时间	责任人
1	内容策划		
2	拍摄前期准备		
3	拍摄阶段		
4	后期制作阶段		
5	成片发布		

四、经费预算

（一）设备费用

序号	设备	数量	预算经费
1	摄像机		
2	三脚架		
3	录音设备		
4	灯光		
	合计		

（二）活动费用

序号	物资	备注	预算经费
1	服饰		
2	化妆		
3	道具		
	合计		

（三）工作量预算

序号	物质	人数 / 人	工作量 / 天	预算经费
1	内容策划			
2	出镜博主			
3	拍摄工作			
4	后期剪辑、美编			
5	后勤			

六、打卡视频的拍摄技巧

(一)画面构成

打卡视频强调的是“我在场”的体验感，因此，它主要的画面构成包括出镜的博主、打卡的景点、美食等。由于画面元素较多，因此在拍摄时要充分利用固定镜头和运动镜头。

新媒体视频基本上由固定镜头和运动镜头组合而成。掌握这两种镜头的拍摄技巧，可以更好地呈现视频作品。

1. 固定镜头的概念及功能

固定镜头是指摄像机在机位与被摄对象位置不变、镜头光轴不变、镜头焦距不变的情况下拍摄的画面镜头。固定镜头的“三不变”可以更客观公正地反应被摄对象，符合人们停留详观的视觉体验。

实操提示：固定镜头力求稳定，因此在拍摄时，一般要借助三脚架来拍摄。特别是拍摄特写镜头时，如果画面不稳会影响成像质量。同学们要培养敬业精神和严谨的创作态度，要尽可能地利用三脚架拍摄固定镜头。

2. 运动镜头的概念及功能

所谓运动镜头是指在一个镜头中，通过移动摄像机机位、变动镜头光轴或者变化镜头焦距所拍摄出的画面。运动镜头能产生多变的景别和角度，形成更丰富的画面构图和审美效果，它更贴近人的视觉习惯，给人以真实的艺术感。

运动镜头大概可以分为 4 大类：推、拉、摇、移。在 4 大类中还可以细分出升、降、甩和跟。那么推、拉、摇、移、升、降、甩、跟这 8 种运动镜头要如何去拍，拍出来又

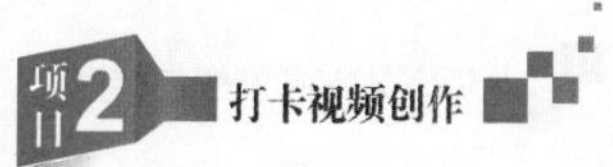

有什么样的视觉效果呢？

（1）推镜头是指镜头从较大画面范围前移到较小的画面范围的运动镜头。推镜头可以通过两种方式拍摄：一是通过摄像机的向前运动实现推镜头；二是摄像机本身保持不动，通过变动镜头焦距，使得画面框架由远而近向被摄主体不断接近。

扫描二维码，观看推镜头。

推镜头

推镜头具有3种特征。

1）推镜头具有视觉前移效果。在拍摄推镜头时，画框向前运动，逐步向被摄主体靠近，就像人们向前走动时产生的视觉体验一样，推镜头能模拟展现人物的主观视角。

2）推镜头的画面信息从大到小。在拍摄推镜头时，从较大画面范围前移到较小的画面范围。随着画面范围的变小，画面的信息量也会变小。

3）推镜头起到强调说明的作用。推镜头能更好地展现纵深空间，在推的过程中，被摄主体的景别越来越大，从而起到提示观众观看，强调被摄主体的作用。

实操提示：在拍摄推镜头时，要注意以下4种技巧。

1）注意起幅和落幅。推镜头可以分为起幅、推进、落幅3个部分。起幅是运动镜头开始的画面，落幅是运动镜头终结的画面。在拍摄起幅和落幅时，要注意构图，起幅和落幅一般都是固定画面，而且在拍摄时，画面一般要停留5秒以上。起幅和落幅适当地停留在静止的画面状态，能够更好地传递画面信息。另外，停留5秒以上，可以方便后期剪辑时能选取最稳定最好的画面。

2）推的过程要匀速。在拍摄起幅画面后，镜头匀速往前推，推的过程也是模拟人眼移动的过程，因此速度均匀才符合人的视觉习惯。新手在练习推镜头时，往往会时快时慢，影响画面的美感。因此在拍摄推镜头时，变焦的过程要匀速，最好借助三脚架来完成。如果是摄像机靠近被摄物体的推镜头，可以借助稳定器实现均匀的推进过程。一般来讲，画面情绪紧张时，推进速度应快一些；画面情绪平静时，推进速度应慢一些。

3）推镜头的落幅要有目的。推镜头的目的是通过画面的运动给观众某种启迪，或引起观众对某个形象的注意。在推的过程中，画面构图应始终将主体保持在画面结构的中心位置。因此，在推的过程中，需要不断地调整摄像机的拍摄角度和机位等细节，这对于新手来说有一定难度，需要反复练习，才能熟能生巧。

4）推进的过程中要注意调整焦点。在移动摄像机拍摄推镜头时，机位与被摄主体越来越近，画面的焦点会有变化。因此，在推进过程中，要不断地调整焦距。新手可以使用自动对焦功能，让被摄主体时刻保持实焦。而使用变焦距的方式拍摄推镜头，画面焦点应以落幅画面中的主体为基准。为了获得准确的焦点，在拍摄前应先把镜头推到画面的落幅处，把落幅的主体焦点调准以后，再把镜头拉出来，最后利用变焦拍摄推镜头。另外，也可以使用摄像机的自动对焦功能拍摄推镜头，这种方式可以确保在起幅的广角阶段和落幅的长焦阶段，主体始终清楚。

（2）拉镜头是指镜头从较小的画面范围后撤到较大的画面范围的运动镜头。它可以通过两种方式进行拍摄：一是通过摄像机的向后运动实现拉镜头；二是摄像机本身保持不动，通过变动镜头焦距，使得画面框架由近而远向被摄主体不断远离。

扫描二维码，观看拉镜头。

拉镜头

拉镜头具有两种特征。

1）拉镜头具有视觉后移效果。从较小的画面范围变成较大的画面范围，有一种慢慢往后移的视觉效果。

2）拉镜头可以补充画面信息。拍摄拉镜头的过程，画面主体所占的景别从大到小，周围画面的信息不断增加，可以起到补充画面信息的作用，随着信息的补充，有时可以起到强烈的戏剧效果。例如一只羚羊在草原上悠闲地吃草的特写镜头，随着镜头慢慢拉开，画面信息逐渐补充进来，原来在距离羚羊不远的地方，一只猎豹匍匐在草丛中，随时准备发起对羚羊的进攻。

实操提示：拍摄拉镜头时可以分为起幅、拉出、落幅 3 个部分。拉镜头的运动方向与推镜头正好相反，拍摄上的技巧与推镜头大致相同。在拍摄拉镜头时，不少新手只顾着观看摄像机的寻像器，往往会忽略画框外的信息，可能会导致在拉的过程中，拍摄到不适合出现在画面中的信息。因此，在拍摄拉镜头时，眼睛既要看寻像器，也要注意观察周围的环境，以便在拉的过程中不断调整，达到理想的拍摄效果。

（3）摇镜头是指在机位不变的情况下，摆动摄像机镜头方向拍摄出的画面。根据摇的速度又可以细分出甩镜头，当快速摇动摄像机镜头的时候，就产生了甩的视觉感知。

扫描二维码，观看摇镜头。

摇镜头

摇镜头具有两种特征。

1）模拟视觉习惯。摇镜头在拍摄时，镜头会慢慢地摇动，能够更为全面地展示空间、扩大视野，经常用于表现宏大场景。这种拍摄方式就像人们站着不动，通过转动头部观看周围的事物，能够表现主观视角，使观众更加深入地理解人物的内心世界和感受。

2）保持画面的空间排列。摇镜头的运动是一个连续的过程，画面变化的顺序就是摄像机摇动的顺序。这种拍摄方式不破坏或分隔现实空间的原有排列，能够真实还原空间关系，让画面更具客观真实性。

实操提示：摇镜头的拍摄技巧有以下 3 种。

1）注意起幅和落幅。摇镜头可以分为起幅、摇动、落幅 3 个部分。与推、拉镜头一样，摇镜头的起幅和落幅也要讲究构图，并且一般都是固定画面。在拍摄时，画面一般要停留 5 秒以上，以方便后期剪辑。

2）摇的速度要与内容相符。如果是模拟人的视觉习惯，摇的速度要稳定、缓慢，节奏要均匀，以便更好地传递画面信息。另外，快速地摇动会让画面产生情绪变化，营造紧张、快速的节奏感。更快速的甩镜头也是摇镜头的一种表现形式，甩会让画面产生模糊感，起到转场的作用。例如第一个画面是运动员在训练场里练习滑冰，接着镜头一甩，下一个镜头就是运动员在比赛场上。甩镜头适合大范围的空间或者时间转移，甩的极速变化也可以产生紧张的情绪。

3）摇的方向要与构图相结合。摇镜头不仅可以上下摇、左右摇，还可以根据需求摇动。但是摇的目的要明确，其目的是更好地展现画面信息，因此，在摇动的时候，要结合画面构图。例如拍摄一座高耸入云的摩天大楼，就应该采用上下摇，而不是左右摇，因为上下摇能更好地表现竖直的物体，达到更好的构图效果。

（4）移镜头是指摄像机在一定范围内进行移动而拍摄的画面。把摄像机放在各种可以移动的设备上移动拍摄，都可以称之为移镜头。在拍摄时，为了达到平稳的效果，一般要借助稳定器、摇臂、轨道来实现。移镜头又可以分出升和降两种镜头：升镜头是摄像机从下往上升起；降镜头是摄影机从上往下降。

移镜头具有模拟人运动时的视觉体验的特征，移镜头直接调动了观众生活中运动的视觉感受，唤起人们的视觉体验。例如行走或坐在交通工具上观看到的场景，因此移镜头具有强烈的主观色彩，适合在主观镜头中的使用。

扫描二维码，观看移镜头。

移镜头

实操提示：在拍摄移镜头时，移动速度要与视觉经验相吻合。移镜头具有强烈的主观色彩，是模拟人眼的镜头。因此，移动的速度、规律、方向、节奏等细节最好能与人眼的视觉规律吻合。

（5）跟镜头是指摄像机跟随被摄主体一起运动，把被摄主体的运动轨迹一起记录下来的镜头。跟镜头大致可以分为后跟、前跟、侧跟 3 种。后跟是最常用的一种，是摄像机跟在被摄主体的后面拍摄。前跟是摄像机在被摄主体的前方跟着被摄主体一起运动并拍摄。侧跟则是摄像机在被摄主体的一侧跟着拍摄。

扫描二维码，观看跟镜头。

跟镜头

跟镜头具有两种特征。

1）被摄主体景别相对固定不变，画面始终跟随着一个运动的被摄主体，主体在画面中的比例相对保持统一。

2）视向合一，提升观众参与感。跟镜头在打卡视频中经常使用，可以更好地展现博主的体验感。跟镜头中，特别是后跟的镜头，镜头表现的视觉方向和出镜博主的视觉方向一致，可以自然地将观众的视点调度到画面内，并跟随着博主一起移动，从而产生更强烈的现场感和参与感。

实操提示：在拍摄跟镜头时，摄像机的运动速度与被摄主体的运动速度保持一致。只有摄像机与被摄主体的运动速度、节奏保持一致，才能达到良好的跟随效果，也才能

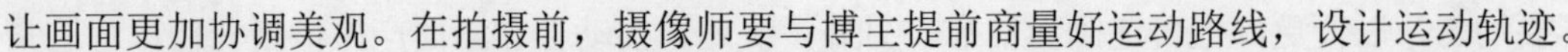

让画面更加协调美观。在拍摄前，摄像师要与博主提前商量好运动路线，设计运动轨迹。

知识拓展

稳定器的使用

三轴陀螺仪稳定器的使用

三轴陀螺仪稳定器是市面上常见的摄像稳定设备，它常用于连接单反摄像机。两者相互配合，可以在拍摄大范围的运动镜头时，使画面稳定。扫描二维码，观看三轴陀螺仪稳定器的使用。

（二）打卡视频镜头设计

1. 巧用运镜，让视频更具美感和冲击力

打卡视频的一个显著特点是跟随博主体验项目，因此运动镜头的运用必不可少。在拍摄时，不必拘泥单一的运动方式，可以结合不同的拍摄物体合理地设计和使用运动镜头。丰富的运动镜头可以让视频节奏感更强，更具美感，在变化的镜头中形成强烈的视觉冲击。

2. 巧用主观镜头，增强体验感

在拍摄打卡视频时，为了增加观众的体验感，往往还要设计主观镜头，以增强体验感。主观镜头是指模拟画面主体的视觉的镜头。简单来讲，主观镜头是被摄主体看见的画面。

在拍摄主观镜头时，要根据主播的特点合理地设计镜头。

（1）摄像机的角度、机位要与被摄主体一致。主观镜头模拟的是画面中人物的视角。因此，机位的高度、拍摄的角度要与人的视线一致。例如视频博主坐在餐位上，抬头看向服务员。那么在拍摄主观镜头（服务员的画面）时，机位的高度要与视频博主的头部高度一致，并且采用仰视的角度来拍摄。这样拍出的服务员的画面就和视频博主眼中看到的画面一样，这样的主观镜头代入感强烈，观众仿佛就坐在椅子上和服务员交流。

（2）摄像机的运动方向、速度要与被摄主体一致。在模拟画面中人物的视角时，如果人物是运动状态，那么主观镜头也要展现出人物在运动时所看到的事物。在拍摄时，摄像机的运动速度、运动方向要与被摄主体一致。例如拍摄视频博主骑自行车的主观镜头时，可以使用小型的摄像设备系在博主的头部，这样拍摄出的主观镜头就更贴近博主的视觉体验。

3. 合理使用固定镜头，展现细节

打卡视频虽然强调的是主观的体验感，但是也不能少了固定镜头。从前面学习的内容可以知道，固定镜头可以让观众注意力更好地集中在画面内容中，在打卡视频的画面中，少不了美食、物件等物品的展示，此时需要仔细观察和重点介绍的物品很适合使用固定镜头展现，这样能够更好地凸显物品，在观众心中产生更加深刻的印象。

七、打卡视频的剪辑技巧

打卡视频重在凸显体验感，在画面剪辑时，要结合固定镜头、运动镜头、主观镜头的特点，合理地组接画面，把更好的体验感呈现给观众。

（一）制造体验感

通过画面剪辑营造出观众在现场参与、体验的效果，可以使用“固定镜头+运动镜头+主观镜头+运动镜头”的格式。

第一个画面可以是相对固定的镜头，在画面中要出现视频博主和周围的环境，如视频博主站在景区门口的画面。

第二个画面可以是运动镜头中的跟镜头，画面跟随博主一起走进景区打卡体验。

第三个画面采用主观镜头，画面内容是博主眼中看见的事物。例如博主在前一个跟镜头中走向一个雕塑，那么这个主观镜头就是画框逐渐靠近雕塑，让观众体验博主的视觉感受。

第四个画面可以采用移镜头，跟随博主移动到雕塑前，交代画面内容、人物与雕塑的位置关系。

打卡视频的剪辑方式还有很多，初学者可以多用主观镜头和运动镜头的结合，让整个视频的体验感更强烈。

（二）善用特效、字幕、音效增强网感

1. 善用特效

打卡视频要博得眼球、取得关注，还可以借助一些后期特效，例如在抖音平台可以依靠滤镜，让出镜博主的面部、身材等外在条件得到更好的修饰，或者使用一些大头、长腿等特效增强戏剧效果。同时，还可以通过平台自带的调色功能，让视频的画面更具风格。如果想达到更专业的后期处理效果，还可以利用 Premiere、After Effects 等专业软件。

2. 巧用字幕，补充画面信息

打卡视频的时长一般都不长，因此要在较短的时间内融入大量的画面信息。为了让观众对画面内容产生更深刻的印象，可以多借助字幕的帮助。视频与文字组合的形式可以增强信息传递，精美的字幕还可以提升画面的观察性，增加视频的网感。

3. 巧用音效，增强戏剧效果，营造节奏氛围

音效是打卡视频必不可少的一部分，一首节奏明快、旋律“上头”的音乐往往能吸引观众停留观看更久的视频。有些视频博主甚至在多条视频作品里，使用同一种音乐强化个人特色。短视频平台自带了很多背景音乐，可以选择与主题相符合的音效，增加视频的观影效果。

课中自测

1．在旅游打卡视频中，一定要按照游玩的顺序来展现吗？

2．在美食打卡视频中，如何借助滤镜让食物更美观？

3．什么叫景别？请举例打卡视频常用的景别。

4．主观镜头与客观镜头在整个视频中的比例如何分配？

5．什么情况下打卡视频可以使用变声特效？

项目实施

通过创作旅游打卡视频，让同学们参与视频的前期策划、中期执行拍摄以及后期剪辑合成，了解打卡视频的制作过程。

打卡视频项目实施列表

项目名称：				
组长：	副组长：	成员：	成员：	成员：

实施步骤			
序号	内容	完成时间	负责人
1	制定拍摄方案		
2	提前踩点拍摄场地		
3	选定拍摄对象		
4	选定摄像人员		
5	租借摄像器材		
6	组织道具、服装设计和化妆等		
7	后期包装		

实操要点	
1	旅游打卡视频内容的选取。小组成员分头寻找合适的出镜景区，讨论后选取一个景区进行拍摄。组员提前踩点，设计初步的拍摄流程
2	制定详细的拍摄方案。根据踩点的情况，结合出镜人员的特色，制定拍摄方案，方案完成后交给指导老师审核修改
3	根据视频内容，拟定脚本提纲。拍摄前，制定拍摄脚本，按照计划完成拍摄
4	后期剪辑可以使用多种软件进行补助编辑，以求达到最佳的视频效果

作品展示

以小组为单位，上台分享创作心得，在课堂上进行作品展示。教师点评，学生互评，并利用课后时间修改作品。

项目评价

打卡视频项目评价表

项目名称：

评价项目	评价因素	满分	自评分	教师评分
打卡内容	主题鲜明	5		
	具备网红特性、有爆款潜质	15		
出镜博主	内容生动、扎实，具备个人风格	30		
	思路清晰、谈吐自然	5		
摄像	运动镜头运用合理、构图完整	20		
	画面稳定、光线合理	10		
后期编辑	视频流畅、景别运用合理	5		
	合理运用字幕、音效	10		
总分				
综合评分：自评分（50%）+ 教师评分（50%）				

项目完成情况分析	
优点	缺点

整改措施

项目3 微短剧创作

项目导读

微短剧是指依托于网络平台播出，区别于短视频和普通长剧内容，时长在10分钟以内，有剧情推进的剧集形式。在政策监管与支持、平台及机构联合发力，以及用户消费碎片化、精品化，技术发展推动媒介融合等多重背景下，兼具短视频娱乐化、轻体量及专业化剧情推动特征的微短剧成为短视频升级、长视频拓新的重要发力点。

目前微短剧整体处于初级发展阶段，在内容创作、宣发推广、商业变现上均有瓶颈，从业者仍在积极探索，以寻求一条不同于短视频、长剧集，与微短剧市场本身自洽的游戏规则。

学习目标

1. 了解微短剧。
2. 了解微短剧的类型、特点。
3. 了解微短剧的制作流程及团队配置。
4. 微短剧的内容设计。
5. 掌握微短剧的人物安排方法。
6. 掌握微短剧的拍摄技巧。
7. 掌握微短剧的剪辑技巧。

项目要求

在当前的互联网生态环境下，短视频平台的崛起推动剧集向轻量化、短剧化、碎片化的方向发展。微短剧项目的拍摄和制作相比于其他内容的创作，其在创作团队的组建之初就需要进行充分考虑，该项目会对创作团队提出相关要求和考验，项目制作具备一定的难度。

请同学们创作一集6分钟左右的微短剧。需要大家共同完成微短剧内容的设计、剧本创作、拍摄与后期制作，并选择合适的平台发布。

知识链接

一、初识微短剧

微短剧一般指单集时长从几十秒到10分钟不等，主题明确，故事情节完整的剧集。正如银幕时代的电影、电视时代的剧综，微短剧是移动互联网时代短视频形式与长视频内容相结合的产物。根据《2023中国网络视听发展研究报告》，微短剧的受众规模不断扩大，我国短视频用户规模达10.12亿，其中一半以上的短视频用户看过3分钟以内的微短剧，19岁及以下年龄的用户观看比例最高。

案例展示

扫描二维码，观看微短剧。

微短剧

二、微短剧的类型

微短剧从传统的影视剧、微电影演变而来，主要的类型故事有反映时代旋律、关照现实、家庭共情、青春励志、都市职场等。

（一）悬疑类

悬疑类微短剧是指因情节使人们对主要人物的命运引起关切，而造成高度焦虑和紧张感的一种微短剧类型。悬疑类微短剧利用电影中人物命运的曲折遭遇、未知情节的发展变化或无法看清的结局真相，吸引观众注意力并能引发后续思考和讨论。

（二）情感类

情感类微短剧的核心在于探索情感与人性，因此情感表达真挚而深刻。通过细腻的人物刻画和情节设计，让观众在短暂的时间内感受到强烈的情感共鸣。无论是爱情、亲情还是友情，都能在剧中找到真实的呈现和深刻的探讨。

（三）幽默类

幽默类微短剧指能让观众捧腹大笑的作品，这些作品通常都很受欢迎。现如今人们生活压力大，而且夹杂着各种复杂的心情，因此幽默类微短剧备受青睐，看过幽默类微短剧之后不仅能让人们的心情愉快，而且还可以暂时忘掉一切烦恼。

（四）古装类

古装类微短剧之所以被称为“古装”，是针对现代时装片的着装而言的。古装类微短剧作为微短剧中的一个品类，以其短小精悍、简洁轻松的特点，吸引了大量观众，成为网络热点视频之一。

三、微短剧的特点

（一）满足观众碎片娱乐需求

微短剧具有时长短、反转频繁、节奏快的特点，它密集冲击用户的感官。例如，一集 3 分钟的微短剧，浓缩了一见钟情到结婚生子的过程，甚至在 10 分钟内让角色过完一生等。在剧集里，矛盾和反转频频出现，爽点密集，让观众在最短的时间内得到最大的情绪满足，让观众非常“上头”。微短剧降低了人们追剧的时间成本和机会成本，适合碎片化时间观看。

（二）制作规模较小

微短剧是新媒体时代诞生的新形态，微短剧投资小、风险低、周期短。它的生产者主要有网红达人、多渠道网络（Multi-Channel Network，MCN）机构等，这些网红和机构深知短视频的运营法则，其所生产的微短剧也颇受用户喜爱。另外，专业的影视机构也加入到微短剧的赛道。与传统的影视剧相比，专业影视机构的入局提升了微短剧的制作水平，不断涌现出精品剧目。例如时长只有 15 分钟的微短剧《逃出大英博物馆》（图 3-1）在各大平台火爆刷屏，引发关于文物回归的讨论，也助力微短剧创作走向更大的视野。近来，微短剧行业呈现爆发式增长，从早期追求狗血、刺激的故事发展到关注社会议题、寻求自身创作价值的阶段。

图 3-1　微短剧《逃出大英博物馆》

（三）平台助力算法推荐

微短剧一般依赖移动媒介作为观看平台，通过快手、抖音等短视频平台进行展示和推荐。平台通过用户画像，利用算法不断向用户推荐各类微短剧，让用户不断地刷手机、看剧集、收割流量，从而实现收益。平台也纷纷启动微短剧“扶持计划”，例如，快手“星芒短剧计划”、腾讯视频“十分剧场”、芒果 TV“大芒剧场”、抖音“新番计划”等，这些计划先后推出了《胡同儿》《仁心》《开挖掘机怎么啦》等一批佳作。

延伸阅读

《开挖掘机怎么啦》

济南广电和芒果 TV 合作的《开挖掘机怎么啦》是我国首部反映职业教育和校园生活的微短剧，讲述一群渴望在各自专业领域成为“光芒”的优秀职校学生勇攀事业高峰的故事。该微短剧鼓励了处于迷茫期的年轻人，希望他们可以从中得到力量，传达了工匠精神，使得更多人认可职业教育，甚至憧憬职业教育。

相比传统的影视剧，微短剧更容易让影视初学者上手创作，下面将从微短剧的制作流程、团队配置、内容设计、拍摄技巧、剪辑技巧等几个方面介绍如何创作微短剧。

四、微短剧的制作流程

传统影视剧和微短剧制作流程的差异如表 3-1 所示。

表 3-1　传统影视剧和微短剧制作流程的差异

制作流程分类	传统影视剧制作流程	微短剧制作流程
1. 项目开发	耗时数月至数年：需要论证项目的可行性和市场前景	耗时数天至数月：想法大多来自一个创意或某个事件
2. 编写剧本	耗时几个月至数年：制片方定制或购买剧本，制片、导演、编剧三方多次会议后定稿 120 页的剧本	耗时几天：编剧或导演自己撰写 10 ～ 30 页的剧本
3. 创建剧组	耗时数周至数月：在预算允许的范围内，组建一个集制片组、导演组、摄像组等上百人的专业团队	耗时几天，利用身边有限的人力资源，友情邀请同学或朋友参与
4. 勘景与置景	耗时数月：制片人、导演、摄像师和美术师组共同进行视觉设计，完成勘景和置景工作	耗时几天：想尽办法利用免费的场景资源和规避灯光预算
5. 拍摄制作	耗时几个月到数年不等：拍摄足迹可踏遍全球各地，在各个地标建筑中拍摄故事	耗时几小时到数天不等：场景 3 ～ 5 个，主场景多集中在建筑物内
6. 后期制作	耗时数月：从素材代理、初剪、音效剪辑、配乐、调色到样片交付	耗时几天：在个人电脑上独立完成相关的后期制作
7. 宣传发行	耗时数月：宣发费用可占用总预算的 1/3 以上，进行全国乃至全球市场的宣传和营销	耗时几分钟到数小时：上传至视频网站或自媒体终端

从表中可以看出，拍摄微短剧最大的不同在于每一个环节的周期变得更紧凑、更灵活。拍摄微短剧虽然周期很短，但是它的流程与传统影视剧没有本质上的区别。初学者经常简化微短剧制作流程，导致对问题预判不足，从而使成品粗制滥造的现象时有发生。

接下来，将探讨如何在预算有限的条件下，将微短剧制作步骤做到位，并拥有掌控剧组运行的能力。

五、微短剧的团队配置

当微短剧项目启动以后，第一件事情就是组建一个核心团队。团队不可能像传统剧组一样齐全，但必须是各尽其责，真正参与到创作全过程中，成员最好能“身兼数职”。下面依据三种不同的规模，分别从基本配置、中等配置和高等配置三个层面，了解建组时应该寻找哪些核心团队成员。

如表 3-2 所示，这是微短剧制作最基本的团队人员配置。几乎每一个人都兼任数职，并相互配合形成统一整体。这是学生导演的必经之路，也是能迅速提升自己把控能力的一个过程。

表 3-2　基本配置名单（4 人及以上）

本职工作	兼任工作
导演	兼任制片、编剧、剪辑师等职务
摄像师	兼任灯光师、美术师等职务
录音师	兼任导演助理等职务
演员	兼任服装师、化妆师、道具师等职务

如表 3-3 所示，在基础配置之上，如果条件允许，一定优先考虑增添两个宝贵的名额。一是制片，他能够在各个环节服务剧组的工作，当出现棘手问题时，一个具有沟通力和执行力的制片，能够及时地帮助导演解决问题。同时，他还能够替导演分担联络场景和组员的工作，担负剧组人员的饮食和交通问题，一个好的制片能够保证剧组的顺利拍摄，起到“大后方”的作用。二是美术师，很多初学者都不注重场景美术的作用和价值，经常随便找一个场景就开始拍摄，而当在影像质感上有所追求时，就能体会到场景美术的重要性。微电影的影像设计与美术密不可分，它是电影叙事重要的载体，也是影像叙事的基础，因此一定不能掉以轻心。

表 3-3　中级配置名单（6 人及以上）

本职工作	兼任工作
制片	兼任现场、生活、外联制片等职务
导演	兼任编剧、剪辑师等职务
摄像师	兼任灯光师、美术等职务

续表

本职工作	兼任工作
美术师	兼任剧务、摄像助理等职务
录音师	兼任导演助理等职务
演员	兼任服装师、化妆师、道具师等职务

在中级配置的基础之上，一个理想的微短剧剧组还需要添加4个名额（表3-4），分别来协助导演、摄像师和录音师完成工作，他们分别是灯光师、导演助理、化妆师和录音助理。灯光师能够帮助摄像师更好地完成现场布光任务，同时能够充当摄像助理的角色，帮助摄像师完成高难度的镜头；导演助理负责帮导演处理一些琐碎的问题，还可以兼任场记，做好拍摄的记录，为后期剪辑带来很大的便利；化妆师兼任服装师、剧务等职务，协助演员分担工作，并且在人物造型方面加入自己的创作；录音助理则是配合录音师工作，因为在真正拍摄的时候一边监听、一边举杆是非常辛苦的体力活。

表3-4　高级配置名单（10人及以上）

本职工作	兼任工作
制片	兼任现场、生活、外联制片等职务
导演	兼任编剧、剪辑师等职务
导演助理	兼任场记、摄像助理等职务
摄像师	兼任灯光职务
灯光师	兼任摄像助理等职务
美术师	兼任剧务、摄像助理等职务
录音师	负责监听
录音助理	负责举杆
化妆师	兼任服装、演员助理、剧务等职务
演员	无

六、微短剧的内容设计

平均时长10分钟以内的微短剧有其独特的创作逻辑和营销规律。

（一）剧本设计

剧本设计是微短剧创作过程中的核心内容。剧本的创作需要遵循以下几个原则。

（1）故事主线跌宕起伏：观众往往会被一个故事跌宕起伏的剧情所吸引，同时产生继续观看的欲望，从而提升完播率。在类似的设计过程中，可以巧妙地运用人物动作的强制规定，尽管在实地拍摄过程中，演员的演绎可能并不会严格按照剧本上面安排的内容进行，但是对于一些特殊的细节，一定要提前规定，从而起到任务具体、形象刻画的作用。

（2）情绪渲染合理合适：如果想要创作出一个好的微短剧，能否调动观众的情绪是一个重要的评判标准。在进行剧本创作的过程中，要着重进行人物动作、语言的编写。对于人物的动作来说，一定要提供足够多的细节，然而，这些细节不能完全放置在同一个位置，要做到详略得当，才能更好地使观众产生兴趣。同时，对人物的语言刻画需要做到自然，但同时需要具有一定的深意，微短剧的主旨往往可以通过某个配角的语言展现出来。也可以设置一定的前提条件或前提背景，先通过一个配角引出主角的人物条件或背景。一般有两种后续创作手法：第一种可以顺承这个人物条件或背景进行进一步的细致刻画；第二种可以采用先抑后扬的手法，通过外界的一个人物条件或背景与想要真实刻画的人物产生对比，能够更好地反映出人物特点，也就是常说的“反转”。巧妙地运用反转手法可以更好地调动观众的情绪，对于提前铺垫好的一系列事件进行解释的同时也能够使得观众的情绪到达顶峰。

（3）具备正能量、符合社会需求：微短剧要有明确的中心主旨，并且这个中心主旨是要弘扬社会正能量的，也可以反映某个群体的社会现状，这样的微短剧更能调动观众的兴趣。

（4）简明扼要，突出主旨：微短剧胜在“短”与“剧”这两个字，因此，在创作过程中不能进行大量的陈设来表现一个主旨。这个主旨最好简明扼要，并且要能迅速地传达给观众，不能出现观众看完了整个短剧，但没有得到任何中心主旨，甚至内心毫无波动的情况。如果出现，这便是失败的剧本创作。

（二）人物设计

微短剧作为“剧”，对于演员也有一定的要求，但演员对于整个微短剧的效果影响却并不是非常大。对于人物安排，主要分为三个部分。

（1）动作，动作是最基本的要求，要求演员在微短剧中一定要表现自然，动作大方。若想让微短剧更加出彩，可以适当考虑加上一些细节动作，这样不仅可以给观众惊喜，同时对于当下气氛、情绪的烘托也能起到意想不到的效果。

（2）神态，演员的神态同样重要，神态可以反映出当前角色的心理变化。无论是简单的气氛烘托作用还是与观众的共情作用，演员的神态无疑是最重要的一点。演员的神态是反映微短剧整体发展的一个重要因素，演员的神态可以推进剧情发展，传递角色感受给观众，这也是演员功底的一种外化表现。

（3）语言，语言贯穿了整个微短剧，演员对于语言的刻画一定要带入自己的情感，如果只是单纯把剧本上的台词说出来，就不会具备人特有的情绪波动，从而不能很好地引起观众的共情。当然，演员在演绎一个角色的过程中也要学会控制好自己的情绪，不能过于情绪化，否则将会影响整个微短剧的工作进程。同时，对于演员来说，一定要有创造性，不能只是依靠已经定下来的剧本来简单地表现，而是要加上自己的感受，通过自己的感受再去调动主观能动性，从而对整个微短剧有自己的理解，并进行自主的行为创编。这样不仅能够让演员的演绎显得自然，而且能让演员将自己的角色与观众进行共情。

（三）微短剧的剧本写作

（1）可视性强，懂得用画面来叙事。画面要力求具体，剧本应该避免过于笼统，并让他人看过后便能在脑海中将画面想象出来。

（2）尽可能运用声音元素，对于声音不要过多寄托于导演或者录音。声音在剧本创作的时候就应该有所体现，例如人物的走路声、风吹过树梢的声音等，这些在剧本创作时就应该被记录下来。

（3）文字清爽干净，避免使用文学上的修辞。文字应该着重表现影片中的画面和声音，不要拖泥带水，不应该有过多文学上的修辞，不用或少用专业的电影术语。为了和分镜头脚本进行区别，不要出现摄像机如何运动或者演员如何调度这样的词汇。这些都是下一步制作分镜头或故事板时需要做的工作，不属于剧本的任务范畴。

初学者在第一次写剧本时，容易把环境和人物的动作、神态、心理活动等都描写得十分详细，剧本越写越像小说。把剧本写成小说是初学者最容易犯的错误。剧本是用来拍摄的，简单明了的剧本是将内容用文字描述出来。例如“枯藤老树昏鸦”“小桥流水人家”。在这首词里，简单地把事物罗列了出来，十分清晰明了，初学者的剧本也要借鉴这种表达方式，对环境、事物的描写力求简单直白。以下是常见的剧本格式，仅供参考。

剧本格式

标题：《××××》剧本

编剧：×××

日期：　年　月　日

第一场

地点，时间，内（外）景，人物

场景描述：简单描述场景，人物在场景中的动作等。

人物A：台词

人物B：台词

第二场……

首先第一行要交代清楚故事发生的时间和地点，譬如第一场戏的地点是在室外，那就是外景，时间是白天就写日景。

需要注意界定是否为同一场戏的标准，一般是看场景内的时间、地点、主要人物和主要事件是否发生了变化。其中任何一个元素发生了变化，就算重开了一场戏。

场景描述这一段主要介绍人物所处的环境和动作，对人物和环境的介绍，用简短的几行字交代清楚。要注意在介绍时少用文学上的修饰词汇，文字内容应尽可能地有画面感。

同时出场人物的名字要使用黑体，目的是和正文的宋体形成对比，让人一目了然。人物的台词要和人物的名字之间用冒号隔开或者空两格。

（四）分镜头脚本撰写

分镜头脚本是将文字转换成立体视听形象的中间媒介，是将影片中的内容切分成一系列可以摄像的镜头，方便拍摄时使用。

分镜头脚本非常重要，因为拍摄一部影片需要消耗大量的人力、物力，甚至是时间，有了分镜头脚本，可以清晰明了地掌握拍摄进度，也可以为后期制作提供指引，同时也能对拍摄的周期进行估算。

如何把文学剧本制作成分镜头脚本？例如文学剧本中，写到“古道西风瘦马，断肠人在天涯”，那么对应的分镜头脚本要把古道、西风、瘦马、人等元素用画面展现出来。是用特写来拍摄骑着马的人，还是用中景或是运动镜头？这就是分镜头脚本要考虑的，需要用一个个画面去构建剧本的场景和事物。表 3-5 是一个标准的分镜头脚本的格式。

表 3-5　分镜头脚本格式

镜号	景别	摄法	时长	画面内容	解说词	音效	特效	备注
1	近景	俯拍	5 秒	螃蟹在地上爬，一个手去抓		菜市场环境声	暂停	
2	近景	从手摇到半身中景	5 秒	老板抓住老汉的手	老板：你还挺敬业的哈，一天都不落下	菜市场环境声		

在分镜头脚本中，需要把景别、拍摄手法、视频的时长、拍摄内容，以及解说词和声音都要考虑进去。分镜头脚本写好后就可以按照这个脚本去拍摄了。

七、微短剧的拍摄技巧

即便是有完美的剧本、顶尖的演员，但将信息传达给观众的始终是画面，也就是摄像艺术。从中不难看出，如果把微短剧比作是一个人，那么剧本是大脑、演员是灵魂、而摄像手法就是外表，无论这个人的内心有多么美好、知识有多么渊博，如果这个人没有一个好的外表，就不能或不容易将这些好的品质传达给观众。一般的摄像手法在微短剧中的应用如下。

（1）尽可能地多使用近景或特写，在必要时间段使用中景、远景，当且仅当需要烘托全面环境时才使用全景。

（2）在特写方面，要善于去抓住人物的面部表情，其中最重要的是眼睛。“眼睛是人心灵的窗户”，通常，可以近距离进行眼部的刻画，尤其是当出现人物流泪、热泪盈眶等画面时，需要进行一个近似于满构图的眼部特写。同时，还可以在特定的情况下对人物的其他部位进行描写，例如，当表现一个人的愤怒时，可以给一个 3 秒左右的镜头去描写演员用力握紧的拳头，这样可以起到渲染环境氛围的作用，同时很好地使观众与人物共情。

（3）鉴于微短剧演员数目少，因此在人物描写方面往往使用近景，近景可以很好地表现出一些细节，容易进行人物的刻画。

（4）摄像过程中，若在同一场景下，设置的机位要尽可能少，若设置过多的机位，后期剪辑时就无法高效合成，费时费力。

八、微短剧的剪辑技巧

在剪辑之前，需要明确短剧的主题、情节、人物性格等信息，并根据这些信息制订剪辑计划。

（一）合理安排画面，注重画面逻辑

在剪辑过程中，要注意画面的连贯性和逻辑性。通过合适的转场和镜头切换，让画面流畅自然。

（二）运用音效和配乐，营造氛围感

音效和配乐是短剧氛围感的重要来源。根据情节需要，选择合适的音效和配乐，能够让观众更好地融入情境中。

（三）精简素材，突出重点

在剪辑过程中，要学会精简素材，不要过分堆砌。通过选取关键镜头和动作，突出重点，让短剧更有张力。

（四）调整节奏，把握观众情绪

微短剧的节奏非常重要，需要把握好观众的情绪。通过调整镜头的时长和切换频率，控制好节奏，让短剧更具吸引力。

（五）反复打磨，不断改进

微短剧剪辑需要耐心和细心，需要不断打磨和完善。在完成初步剪辑后，要多加观看、调整，不断改进，让短剧更加完美。

（六）合理设计字幕，烘托主题

微短剧的表现形式比传统的影视作品更为灵活。因此，可以设计更具网感的字幕，字幕的出现方式不拘泥于在视频下方，可以结合画面构图、剧情、人物形象塑造等出现在任何地方，以达到渲染情绪、烘托主题的目的。

课中自测

1. 你倾向于拍摄什么题材的微短剧？
2. 微短剧的内容设计遵循哪几个原则？
3. 在人物的安排中，你会从哪几个方面设计人物？
4. 微短剧的字幕与传统影视剧字幕的区别有哪些？

项目实施

通过创作微短剧，了解微短剧的制作流程，从组建团队到准备剧本，再到筹集资金，做好配套、拍摄作品、后期剪辑、宣传发布等。

微短剧创作项目实施列表

<table>
<tr><td colspan="5">项目名称：</td></tr>
<tr><td>组长：</td><td>副组长：</td><td>成员：</td><td>成员：</td><td>成员：</td></tr>
</table>

实施步骤			
序号	内容	完成时间	负责人
1	微短剧拍摄团队配置		
2	撰写微短剧剧本		
3	根据微短剧内容设计分镜头脚本		
4	制定拍摄方案		
5	租借摄像器材		
6	选定拍摄场地		
7	组织道具、服装设计和化妆等		
8	完成微短剧拍摄，剪辑成 3 分钟左右的影片		
实操要点			
1	微短剧拍摄团队配置。根据小组人数进行拍摄团队配置，明确不同岗位负责人的职责		
2	微短剧剧本创作。在剧本创作时应把握微短剧的节奏，同时注意剧本和分镜头脚本撰写的格式		
3	摄像过程中，若在同一场景下，设置的机位要尽可能少，若设置过多的机位，后期剪辑时就无法高效合成，费时费力		
4	后期剪辑时，需要明确短剧的主题、情节、人物性格等信息，并根据这些信息制定剪辑计划		

作品展示

以小组为单位，上台分享创作心得，在课堂上进行作品展示。教师点评，学生互评，并根据情况利用课后时间修改作品。

项目评价

微短剧创作项目评价指标

项目名称：

评价项目	评价因素	满分	自评分	教师评分
团队配置	配置合理、分工明确	10		
内容设计	主题鲜明、内容积极向上	10		
人物安排	人物安排有特色、能突出短剧主题	10		
剧本创作	剧本制作符合规范	10		
摄像	景别丰富、构图完整	20		
	画面稳定、光线合理	20		
后期编辑	视频流畅、景别运用合理	10		
	合理运用字幕、音效	10		
总分				
综合评分：自评分（50%）+ 教师评分（50%）				

项目完成情况分析	
优点	缺点

整改措施

项目 4 新媒体视频直播项目创作

项目导读

新媒体视频直播是指直播主体，通过互联网新媒体平台，将各种信息、节目、活动实时呈现给观众的一种新型传播形态。视频直播平台有着丰富的视频直播类型，它不仅可以给观众带来快乐。从商业模式来看，新媒体视频直播还能精准定位观众的需求和喜好，通过即时的图像和声音进行社交互动。这改变了商家与顾客之间、生产者与消费者之间的沟通方式，从而刺激消费。

学习目标

1. 了解新媒体视频直播的类型。
2. 掌握新媒体视频直播内容创作的方法与技巧。
3. 掌握新媒体视频直播的复盘方法。
4. 掌握新媒体视频直播的拍摄技巧。

项目要求

请同学们完成一场农副产品的专场直播带货，并根据产品特点做好直播间的布置、准备及调试好直播设备，做好小组分工。在直播项目中确立主播的人设，通过话题的设计、剧情的构思、精心设计过的脚本，使素人在短时间内吸引大量的粉丝关注。

知识链接

2016 年，“直播”一词成为了人们追捧议论的热词，这一年也被认为是“中国网络直播元年”。随着 4G、5G 等移动网络的迅速铺开，以及智能手机的全面普及，直播这一新型传播形式经历了爆发式发展，并逐渐成为人们的一种生活方式。

一、新媒体视频直播的类型

在新媒体平台直播中，主播可以通过直播平台这个媒介，实时地将内容呈现给用户，也可以与用户共享桌面、分享内容，聊天区内的观众可以发评论弹幕，主播可以根据弹幕内容与用户实现互动，并及时调整直播内容。直播的类型主要分为以下四类。

（一）娱乐直播

娱乐直播主要是主播在直播间进行唱歌、舞蹈等才艺展示，或是生活直播、搞笑、聊天等。目前最流行和普及的网络直播方式也是娱乐直播。主播与用户通过平台及弹幕互相连接，展示直播内容，吸引受众观看。娱乐直播主要依靠与观众之间的互动拉近两者距离吸引观众。因此，同业竞争的激烈程度可想而知，自带流量的优质网络主播被各大直播平台争抢。

（二）知识类直播

知识类直播主要通过专业知识的传授来吸引观众。在知识类直播中，主播可以分享自己的专业知识，教授技能或者讲解专业领域的知识。知识类直播有别于网红的才艺直播的观赏属性和电商的带货直播的消费属性，知识直播具有更多的公益性。观众们可以在直播中提问，与主播进行互动，获得更多的学习机会。知识主播在进行知识类的直播讲解如图 4-1 所示。

图 4-1　知识主播在进行知识类的直播讲解

（三）带货直播

带货直播指的是通过一些互联网平台，使用直播技术进行近距离商品展示、咨询答复、导购的新型服务方式。这种模式把空间和时间的限制打破了，并连接起各地的潜在购买者，不仅商家可以在直播平台上直接进行商品出售，观众也可以获得物美价廉的产品。但是同样值得注意的是，由于直播带货的门槛低，也存在大量以次充好，甚至是假冒伪劣的产品，这需要进一步加强监管。

（四）新闻直播

新闻直播是指通过网络传播当前正在发生的事件。新闻直播能够让人们更好地掌握事件全过程，有利于减轻编造、拍摄角度问题、断章取义剪辑等行为造成的不良影响，确保新闻事件的真实性、可靠性。新闻直播具有时效性、互动性和丰富性等特点。新闻直播的出现为新闻媒体的持续发展注入源源不断的动力，并推动传统的新闻传媒行业不断向着现代化方向转型。要开展互联网新闻信息直播服务，必须持证或备案准入。服务提供者应向相关部门申请取得《互联网新闻信息服务许可证》，并履行公安备案手续。

二、新媒体视频直播的特点

（一）场景单一

新媒体视频直播由于受到摄像设备的限制，一般直播的场景都比较单一，例如众多的娱乐直播，很多素人主播就是在自己家里直播。

（二）主体单一

新媒体视频直播与传媒媒体直播不同，受到人员、场地、资金、平台等条件的制约，直播主体的数量往往较少，常见的带货直播，一般只有主播和助理两个人，而一些才艺类的直播，往往只有一个人在直播。

（三）互动性强

新媒体视频直播平台已经成长为深具社会基础设施作用的“国民级应用”，也是基于互联网的新一代公共空间。主播与用户通过接受和分享平台上的各种信息内容，结成互动频密的社交关系，用户在直播过程中可以与主播互动，如评论、点赞、刷“礼物”、购物等。

三、直播内容的设计技巧

（一）主播人设

在直播间中，主播扮演着至关重要的角色。他们不仅仅是直播的核心，更是直播间的灵魂。主播的存在和表现直接影响着观众的体验和互动效果。因此，选择合适的主播和培养优秀的主播成为了直播行业中的重要任务。

1. 语言有交流感，善于带动气氛

一场直播一般在两小时以上，因此，主播的语言风格、表达方式以及带动气氛的能力十分重要。亲切的语言风格可以让观众产生更多互动，更愿意在直播间停留，同时，要结合直播的内容，设计议题，带动直播氛围。

2. 把粉丝当成"家人"

"家人们，冲啊"，这是带货主播经常用的话术。直播间要留住用户，就要让用户在这里能够体会到如家般的温暖。例如一些淘宝头部主播，他们的人设就是有正义感，时刻保护粉丝，为粉丝争取利益，获得更多关注。主播要找到适合自己的定位。按照人设IP定位九宫格思维导图（图4-2），确定内容方向、内容特点、内容模板，仔细规划好每一步，就能清晰地找到适合自己的主播人设定位。

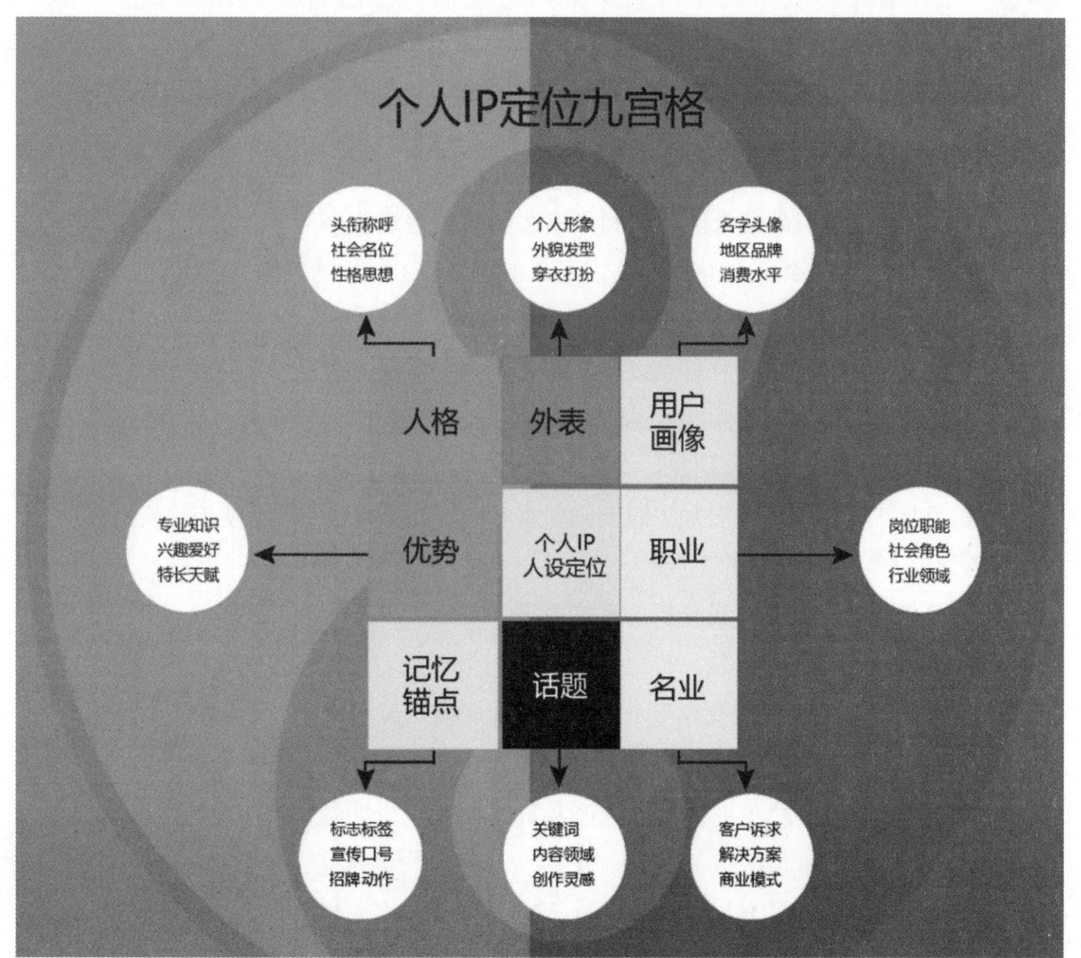

图4-2 个人IP九宫格定位设计图

（二）直播间场景设计

直播间是主播与网友互动的场所，好的直播间布置可以起到吸引观众和提高互动的作用。

1. 背景墙

直播间的背景墙可以选择一些简约又有个性的风格，根据不同的直播类型，背景墙的颜色也应该相应地做出调整。例如游戏直播可以选择黑色或红色；美妆直播可以选择粉色或白色等，颜色不应过于刺眼，最好带有一定的柔和感。

2. 摆件

直播间的摆件可以让观众感受到主播的生活态度，也会产生视觉上的吸引力。例如，可以在直播间上摆放些植物，让直播间看起来更有生机；可以摆放一些书籍、鲜花、搞笑公仔等，让直播间更有个性。

（三）直播内容设计

直播内容设计是直播的重要环节，下面从市场分析、直播内容创意、直播引流技巧、直播过程设计四个方面展开学习。

1. 市场分析

市场分析是对市场供需变化的各种因素及其动态、趋势的分析。市场分析的目的很简单，就是销售这类产品是否能够盈利。那么如何销售这类产品？采用什么样的方式去销售？谁去销售？销售给谁？这些都是需要在市场分析中关注的关键性的因素。

（1）对市场分析的要求。

1）客观真实。市场分析往往需要很多数据，一定要保证获得数据的真实性。

2）系统严密。逻辑不要出错，从哪几个维度，先哪一步、后哪一步，要条理分明、逻辑严密，让阅读者快速获取信息。

3）信息加工。信息即使要加工也要确保真实，要对搜集到的数据及相关信息再加工，加入市场分析者对于该信息的观点。

4）决策导向。也就是市场分析的最终结果。

（2）市场分析的基本要素。

1）行业基本面分析。主要有三个方面：市场规模、盈利情况、增长态势。

2）同行业下的细分市场分析，每一个大行业都可以进行细化切分。应该要做哪个方面的市场？我们的客户是谁？我们应该怎么做？这些都是需要具体而深入地进行细分分析。

3）典型产品分析。针对已经有的市场，考虑应该做什么样的产品，这是核心关键要素。

4）客户的分析。市场及产品面对的主要客户是谁？为了谁服务？如何提供服务？在市场分析中解决了这些问题也就意味着把消费者的市场摆在了前面。

5）风险分析。这个因素也是在市场分析中最需要提前考虑的。此类产品进入市场后有什么风险？出现了这类风险应该如何防范？

（3）市场分析的常用模型。

1）SWOT 分析模型。SWOT 由四个英文单词的首字母组成，分别 strengths（优势）、weaknesses（劣势）、opportunities（机会）、threats（威胁），这是将企业的内外部条件以及各方面的内容、资源进行有机结合与概括，进而分析企业的优劣势、面临的机会和威胁的一种方法。SWOT 分析模型如表 4-1 所示。

表 4-1　SWOT 分析模型

项目	内部优势（S）	内部劣势（W）
外部机会（O）	SO 战略 依靠内部优势，利用外部机会	WO 战略 利用外部机会，改进内部劣势
外部威胁（T）	ST 战略 依靠内部优势，回避外部威胁	WT 战略 克服内部劣势，回避外部威胁

2）5W2H 法。

① WHAT：用户目标是什么？产品目标是什么？企业目标是什么？

② WHO：谁是用户？谁是目标用户？他们有什么特征属性？

③ WHY：为什么？为什么要这么做？理由是什么？原因是什么？

④ WHEN：用户在什么时候会用？使用的场景处于什么时间段？

⑤ WHERE：用户在哪里使用？

⑥ HOW：如何做？如何提高效率？如何实施？方法怎么样？用户会如何使用？

⑦ HOW MUCH：做到什么程度？当成核心功能做深做透，还是只是浅浅地做？

（4）直播市场分析技巧。

1）大数据分析。一场直播可以分成预热、引流、互动、转化、复盘五个部分。每个环节都有关键的数据可以提取。一般可以从引流维度（实时流量、自然流量、付费流量）、互动维度（观看人次 / 人数、评论互动率、转粉率和平均停留时长）、转化维度（客单价、商品交易总额（Gross Merchandise Volume，GMV）、自然流量转化率、商品点击率、商品转化率）三个方面的大数据来看。从数据运营角度来看，不同的直播阶段有其特定的数据指标，在优化直播效果的时候，这些数据指标将指导优化的方向和策略。随着技术手段的不断完善，直播运营愈加精细化，直播带货相关的数据维度也越来越繁杂，但是在直播运营过程中，人们还是会侧重观察和衡量一些特定的数据指标。目前电商直播的大数据分析平台较多，如飞瓜数据、直播眼等大数据统计平台。有些大数据统计平台针对不同的直播平台进行了细分，例如抖音、快手等短视频平台直播数据分析，淘宝店铺直播数据分析等，可根据实际情况选择不同的大数据统计平台。

2）平台分析。目前，直播电商平台有三种类型：电商平台、短视频平台和社交平台。想要着手做直播，面临的第一个问题就是选择登录哪个平台的问题。有哪些平台促成产品的转化率高？是公域流量平台还是私域直播平台？首先，当然推荐商家选择有粉丝基础的平台优先开播，毕竟有一定粉丝流量的店铺在直播流量转化上占据一定优势。如果商家是直播新手，没有粉丝基础，则要根据自己的实际情况结合平台属性和流量分发机制来选择。目前直播中较为普遍的是使用淘宝、抖音、快手、腾讯看点及视频号直播等平台，其中抖音和快手平台对于直播短视频制作绑定深、要求高。

3）品牌商分析。受经济增速放缓影响，品牌商对品效合一的营销效果更为看重，对广告的预算结构也产生了相应变化。品牌商整体从对传统媒体广告的投入转向对短视频、直播等新兴营销形式的资源倾斜。

直播形式能提高商家的用户黏性和潜在营收增量。通过直播实时互动，商家实现商品到消费者的高效触达，大大缩短了消费者的决策时间，刺激消费需求的产生。

4）用户分析。通过大数据显示，有近三成的网民为电商直播的受众，用户对直播电商的接受度高。用户分析主要包含用户的基本属性和用户行为的具体分析。用户的基本属性指用户的性别和年龄、用户的地域分布、用户的婚育情况、用户的学历水平、用户使用直播平台的频率和时长、用户的付费习惯等要素。

用户行为的具体分析主要有四个方面的维度。

①时间维度：用户的关注时间、首次购买时间、再次购买时间、最近一次购买时间。

②商品维度：用户购买的商品所属的栏目、名称。

③金额维度：客单价、用户的总消费金额。

④活跃维度：用户的登录次数、浏览或收藏商品数、下单次数、分享次数。

（5）MCN 主播分析。MCN 机构协助关键意见领袖（Key Opinion Leader，KOL）进行内容的持续输出，对接供应链和平台资源，推动直播电商发展。

2017 年开始，国内 MCN 机构呈井喷式增长，根据复旦大学管理学院发布的《中国 MCN 产业发展报告》显示，截至 2024 年 9 月，我国 MCN 机构注册数量已接近 30000 家。随着网红经济高速发展，主播较低的准入门槛与不俗的平均薪酬吸引着大批入局者。2020 年 7 月“直播销售员”被中华人民共和国人力资源和社会保障部认证，主播成为当下最炙手可热的职位之一。直播电商风口下，主播群体日趋多样化，跨界特征明显。明星、KOL、企业高层、传统媒体、政府官员走入直播间，推动直播带货“出圈”，成为热议话题。

2. 直播内容创意

直播内容创意的本质其实是一种思维方法，创意思维对激发直播内容的新颖性、灵活性和创造性具有一定的影响，能带动更多内容与新创意的产出。通过各种思维方法突破定式思维，对于直播内容的创造性思考具有深远的意义。

（1）头脑风暴。头脑风暴（Brain-Storming，BS）法又称智力激励法、自由思考法、畅谈会或集思会。头脑风暴法是由美国创造学家亚历克斯·奥斯本（Alex Osborn）于1939年首次提出，1953年正式发表的一种激发性思维的方法。其目的在于产生新观念或激发创造性设想的产生。头脑风暴的核心思想是集思广益。这种集体自由联想方式可以创造知识互补、思维共振、相互激发、开拓思路的条件。

（2）议题选择。在开展头脑风暴时，对于难以决策或是内容不清晰的事项都应归类为议题内容。直播的议题内容应注意从平日里悬而未决的问题着手，如对于直播时如何提高观众的参与度、如何让观众自发分享转发直播间等内容去直击直播过程中的痛点。如果遇到比较复杂的议题，讨论时无从下手或容易泛泛而谈，此时应将一个复杂议题拆解为若干个小主题，使参与者能够聚焦。如对于直播主题应该如何确定，要将直播的内容一一进行拆解，从产品特点、产品定价、活动内容等方面逐一攻破。

（3）会议规则。头脑风暴会的参与者应选择熟悉流程的专业人员和利益相关者，议题所涉及的部门、职能、层级均应有代表参加。人数可根据需要而定，一般为5～11人比较适宜，其中一个人为主持人，一或两名记录员（最好不是正式参加会议的人员），人人参与。人数过少，不能充分覆盖不同部门、职能、层级思考的角度；人数过多，容易因杂生乱。会议时间为一小时之内，地点不受外界干扰。

（4）头脑风暴法的原则。

1）禁止批判（褒贬）原则。在头脑风暴的过程中，无论别人发表什么样的观点或意见，如果持有不同意见不能直接在会上批判或对其进行贬损；如果持有相同意见也不能立即表达附和。会议上主要是发表自己的意见为主，对别人的观点或意见不作评判。

2）自由发散原则。头脑风暴的初衷就是要充分活跃思路，提供更多的方法和观点，以此来促进问题的解决。因此在头脑风暴的过程中需要不断提出新的想法，才能有利于头脑风暴的展开。

3）主题聚焦原则。上述两个原则表明头脑风暴的过程中需要有新的观点碰撞，在这个原则中则是要求在实施头脑风暴的过程中，必须围绕主题来发散思维。如果毫无主题地自由发散，最终不仅没有找到解决问题的方法，反而偏离了主题，成为了一次无效的会议。

4）以量求质规则。头脑风暴的过程就是不断提出观点的过程，因此不论是否有效，参与者应提出尽可能多的观点，这有利于为解决问题找到合适的、新颖的、跳出常规的方法路径。

5）延迟判断原则。也许在头脑风暴中有某一观点看似不太合时宜，但是不能在会上立刻否决，而是应观察一段时间再决定，也许在一段时间后这个观点反而能成为解决问题的突破口。因此，不要在头脑风暴的过程中或头脑风暴后立即做出决策，应留出一段时间来观察或尝试，以便作出有效决策。

扩展阅读

九宫格思考法和换位思考法

1. 九宫格思考法

“九宫格思考法”（又名曼陀罗思考法）是一种思考模式，它是以九宫矩阵为基础，8×8 辐射发散式，快速产生发散性思维的思维方法。九宫格思考法是强迫创意产生的简单练习法，通过一个主题内容的确定来发散思维。用九宫格思考法创作内容时，要把主题写在正中间的方格内，再把由主题所引发的各种想法或联想优点写在其余 8 个方格内。

在第一个九宫格的中间 1 格写上你要想的主题，在周围 8 个格子内写上解决方案。九宫格思考法示意图如图 4-3 所示。

概念	概念	概念
概念	核心主题	概念
概念	概念	概念

图 4-3　九宫格思考法示意图

2. 换位思考法

在直播过程中，因为时间紧、带货任务重，通常很多时候都是在思考如何能快速成交，但是这样的结果往往会收效甚微。如果在直播过程中，主播能将心比心、设身处地地为粉丝着想，站在粉丝的立场为其挑选商品、分析商品的优势，帮助他们解决在商品使用中出现的问题，这样的换位思考才能促使消费者更快速地成交。

在进行换位思考法的时候有两个技巧：一是提出一个明确的卖点。主播要为自己的产品提出一个明确的卖点，这个卖点将成为这个产品的标签，提出卖点是为了和目标客户进行精准对接，例如“儿童水果”对接刚刚开始吃水果的儿童；二是和目标客户站在同一个阵营。主播在和粉丝交流的过程中，要着力挖掘职业、学业和地缘关系，寻找共同的兴趣、志向和利益，还应该在沟通中强调双方观点的一致性。主播说的每一句话都要为挖掘粉丝的需求而服务。只要“自己人效应”发挥作用，主播和目标客户自然就站在了同一个阵营。

3. 直播引流技巧

（1）渠道引流。销售渠道是指把产品从生产者向消费者转移所经过的途径，它是由一系列相互依赖的组织机构组成的商业机构。这些组织机构包括制造商、中间商、银行、运输商、仓储商和广告商等。在电商直播视频中，渠道即指把直播间信息向消费者进行传递、吸引关注的途径。通常可以从商家角度和平台角度寻找。商家渠道是品牌面向其会员的信息发布渠道，如电子邮件、短信息、官方网站、官方新媒体平台账号等渠道对直播信息进行发布、推广。企业官网作为商家对外展示、宣传自身的有效途径，具有树立品牌形象、产品展示、传播企业文化、品牌推广等功能。对于消费者，官网是其获取相关信息和服务的权威渠道。且由于官网是企业自由渠道，推广成本低、有效性高。企业官方公众号、微博号、抖音号等官方宣传平台也是一个有效的推广渠道。且其中微博、抖音等账号具有公域流量号召力，在为活动背书的基础上可以有效吸引平台内非品牌用户的关注。商家渠道推广能够有效送达用户，这种推广方式中，用户对于商家长期形成的信任感以及促销兴趣度会引导用户进入直播间。除了商家渠道，各种类型的分享平台或交流社区等营销平台也都是推广活动、品牌宣传的有效渠道。

具体操作方式：将直播信息做成短视频分享至这类平台，或设计相关话题引导讨论为活动预热；与 KOL 合作借势推广，这种推广方式成本较高，根据预算合理安排或选择性安排即可；商家也可以进行打榜推广，通过在营销平台上进行策略投放，对直播活动进行营销推广。

（2）直播预热引流。短视频预热引流是直播前期预热工作的最重要环节，它告知了用户什么时候开始直播，将信息传递出去。引流视频的目的并不是成为一支爆款视频，而要以向直播间引流为结果导向。所以，从这一点来看，如何利用一个视频调动起用户进入直播间的热情才是重中之重。

1）低价吸引。低价策略一直是吸引直播用户下单的主要因素，通过引流视频可以简单粗暴地发布产品预告，重点突出价格优势吸引用户。此外，还可以丰富口播话术以及拍摄技巧，再次强化产品的优惠力度。这类视频不仅能将优惠的产品价格表达出来，还在一定程度上增加了视频的趣味性，提升了用户的观看意愿。例如广西电商协会主播在京东和腾讯联合举办的看点直播超值年货节的预告中，就主打了“1 元秒杀，1 元爆品”的价格优势预热。

2）截取直播片段。通过发布直播中的精彩片段或花絮，激发用户观看正片的好奇心。同理，直播时可以将直播期间主播情绪最高涨的片段，或者最有噱头的看点截取出来，使用户进入直播间一探究竟。由于这类视频的制作门槛比较低，因此可以在直播期间多发几个视频提升用户进入直播间的几率。除此以外，如果截取的直播片段能与账号风格吻合，不仅能起到更高效的引流效果，还能收割一波长尾流量。

3）剧情类引流视频。与前两种相比，虽然剧情类引流视频的拍摄成本更高，但利用内容激发用户进入直播间的概率会相对更高。通过剧情视频预热的好处在于，整体的账号调性与预热视频相契合，不仅可以长久留存还有上热门的可能性。此类引流视频更建议有一定粉丝基数或已找准定位的账号来做，才能起到事半功倍的效果。

4）其他直播引流推广方式。

①开启同城定位：开启同城定位能够吸引更多同城粉丝进入直播间。

②定期直播：就算前期直播时观看人数不多，也尽量坚持每天直播或者每周直播3～4次，这样做的目的是提升直播权重，获得平台对直播间的流量推荐。

③设计好看的封面和标题：好看的直播封面和有吸引力的标题能够帮助吸引更多人进入直播间。

（3）社群引流。直播电商的运营通常以“公域引流 + 私域变现”的模式进行。主播在公域直播中吸引流量进入社群，并在社群中进行维系，在社群中进行直播视频的预告以及直播互动预告，吸引流量使受众关注直播。这种引流方式主要依靠主播的个人魅力和粉丝维系转换，精准、有效且成交率高，但也与社群本身的运营质量息息相关。在直播开启后，商家依然可以分享直播链接到社交网络中，将各渠道流量打通，相互引流，为直播间吸引更多流量。

4. 直播过程设计

在直播的每个环节都应嵌入引流的模式，从而让直播间维持在较高人气，达到理想的直播效果。下面将从直播前、直播中和直播后三大环节对直播的任务实施进行讲解。

（1）直播前。在开展直播前，要做好策划、设计直播主题、营销手段、直播脚本、预热推广方案。

1）直播主题设计。除了日常开播，主播需要参与或自己策划各种“主题专场直播活动”。例如淘宝经常官推直播活动：助农扶贫直播活动、“5•17”吃货节活动、圣诞节直播活动、招财猫双十一直播盛典等，此类平台主题活动直接报名参加即可。此外，商家可根据自身情况，围绕节日、上新、尾货等主题策划主题专场。

2）营销手段设计。直播仅靠官方加推流量肯定不够，一般的做法是导入老客户，用抽奖、秒杀、抢购等营销手段进行裂变。营销活动须在开播前策划好，每次直播前针对粉丝会提到的问题写好互动话术，引导粉丝互动评论，激活粉丝。设置点赞频率，营造直播间热度，获得更多的官方流量，设置购买频率，采用限时秒杀、“1元秒杀”等策略引导粉丝抢购下单。目前，比较高效的抽奖方式是“口令 + 手机尾号”。

3）直播脚本。直播标准操作程序（Standard Operation Procedure，SOP）流程规划：直播脚本包含两份文件，一份是直播SOP流程图（图4-4）；另一份是产品卖点、优惠措施、口播话术、PPT。通常只将重点销售的产品、必要的产品知识、促销利益点等信息制成PPT，在直播过程中作为提醒之用。

4）直播预热推广。可以采用前述直播引流的技巧和知识来设计预热推广方案。

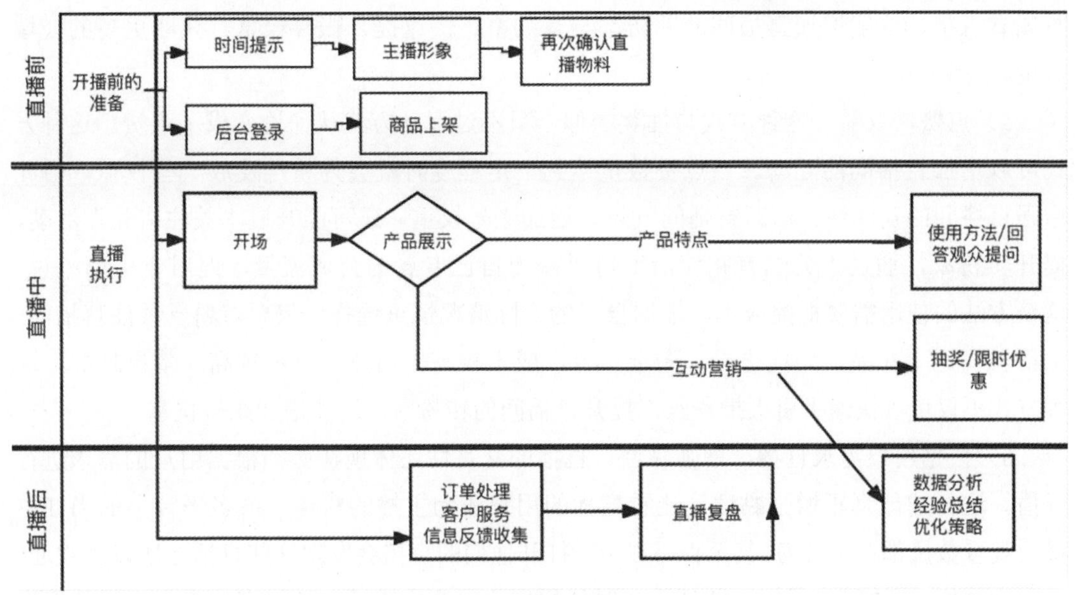

图 4-4　直播 SOP 流程图

（2）直播中。积极互动，增强黏性。虽然业界对直播营销的探索还处于初级阶段，但有一点已经形成共识，即直播最大的优势在于让用户参与进来，形成一种交互关系，甚至可以做到零距离互动。这是其他平台无法比拟的。

1）刚开始直播的半个小时可以做一些预热活动，通过优惠活动吸引粉丝，让粉丝把直播活动的信息分享出去，这样可以带来更多的粉丝观看直播。

2）直播活动时要做好引导，直播最大的优点就是互动性强。如果用户的问题得不到主播回答，或者很久之后才回答，这样会消磨用户的耐心，甚至会导致用户取消关注。因此，直播的实时交互性不应该只是一句口号，而应切实与主播关联。主播一定要及时地与用户互动。主播增强互动之后，才能带动用户的互动和参与。主播可以在展示的同时与用户深度交流，如回应用户提出的意见会让用户获得更多的满足感。

3）主播可以提醒粉丝时刻关注直播间，利用红包、优惠券、抽奖、秒杀等一系列活动环节增加他们的停留时长，增强粉丝的黏性。这样既可以提高粉丝在线流量的变现，又可以为二次引流进行铺垫。直播的过程也是不断引流和维护流量的过程，为了提升直播间的人气、壮大粉丝群体、提高流量变现能力，主播必须做好直播间的互动设计，为粉丝提供福利。

4）截屏抽奖视频。在淘宝直播间经常能看到这样的活动：主播发布口令，让用户在评论区发送消息，倒数十个数截屏，截屏时屏幕上出现的用户就是中奖用户。除此之外，主播还可以利用直播中控台上的抽奖工具进行抽奖，发放的奖励大多是现金红包、免单商品、立减额度等。主播可以通过这种方式很好地活跃直播间的气氛，增进与用户的互动。直播间的互动性与直播间的权重有直接关系。对于粉丝来说，截屏抽奖可以吸引他们按时观看直播，这能增加直播间的回访率与复购率、快速提升账号权重、获取更多的公域流量。

5）点赞送权益。这种方式与抽奖类似，只不过互动方式从评论变成了点赞。这种方式可以增加直播间的互动。当点赞数量达到一定程度时就会为粉丝发放一些权益，借此增强直播间的互动性、活跃直播间气氛、增加账号权重。还可能开展“关注有礼”活动，提升转粉率，通过“关注有礼”活动可以获得自己专属的公域流量，但对于电商来说，这个方法的使用需要把控成本，根据自己的实际情况慎重选择。只要有粉丝关注直播间，主播就要送上礼品，如优惠券、淘金币等，成本较高。当然，成本越高，效果越好，这种方式不仅可以快速吸引大批粉丝，提升直播间的转粉率，还能增加账号权重。

6）根据用户需求直播，增强黏性。直播的交互性还体现在必须根据用户的需求进行直播。这样才能真正增强黏性，让看直播的用户成为主播的粉丝。很多平台上的当红主播的观看数量都在十几万，甚至百万以上。打开他们的直播会发现这些直播之所以受欢迎，是因为他们“听话”，听用户的话，实时根据用户的需求直播。例如有的淘宝主播就根据用户需求，为用户量身打造了“狂欢节”“特卖场”等主题的直播，吸引到了不少新粉，同时也进一步增强了固有粉丝的黏性。

（3）直播后。社群维系，二次引流。引流是电商直播成功的前提。用户进入直播间后，如何进行维系、盘活，使流量具有变现的可能是直播的关键。在主播的个人运营维护中，私域运营——社群维护是主要手段。

用户进入直播间并观看直播后，对主播建立了第一印象。此时商家要做好维护工作，将直播吸引的用户转化至私域。成功转化私域是主播直播成功的一个标志，建立“粉丝社群”是维护粉丝的必备工具。社群维护用心，社群内流量变现能力增强，后面的电商活动、粉丝红利就可以取得很好的转化效果。

可以从以下几个方面维护粉丝社群。

1）通过话题增强社群黏性。通过短视频制造话题引发群内讨论，跟进实时热点或活动，制造话题并引发粉丝讨论，增强社群内成员的认可度，对社群观念、理念越认可，对社群内活动的参与度和信任度越高。

2）节日或品牌发布日通过抽奖活动，迅速为产品试水，同时为粉丝提供福利。

3）主播群内互动。粉丝的聚集基于对主播的认可，主播在群内互动会增强粉丝的认知度和信任度，也是最有效的社群维护方式。主播的价值观输出会成为社群认同感的主要来源。社交网络的本质就是同频、同需求的人们聚集在一起。所以要为主播进行人设制定，并在社群中以既定人设与粉丝进行交流构成场域。只有做到这一点的社群才能真正成功。以上的社群维护方式是社群内部粉丝维系的手段。除了使社群内部流量变现，也要充分利用社交网络，通过熟人社交达成社群扩张的目的。这就需要进行用户自传播营销策划。用户自传播分享的成本较低且更容易刺激购买，因此，积极引导粉丝对产品进行传播分享，或活动分享非常有必要。主播可以在社群内定制营销活动，并提供转发素材，在降低用户购买成本的同时降低传播成本。有时好的产品和优质的回馈活动之所以没有达到好的传播效果，是因为用户自己制作素材耗时耗力，会降低分享欲望。如果一个好的活动为用户提供便捷的传播语和图片素材，用户只需复制和粘贴，当传播成本降低时，用户的传播欲望就会提高。

四、直播复盘

直播复盘是一个系统性的过程，旨在回顾直播活动的各个方面，分析成效并总结经验教训，为未来的直播活动提供改进的依据。直播复盘有助于直播团队适应市场变化，保持竞争优势，为未来的直播活动提供有力的支持和保障，从而实现长期稳定的发展。

(一)直播复盘的内容

1. 直播概况回顾

直播结束后，要对直播的整体情况进行回顾，包括直播的主题、目的、时间、平台、参与者等信息。这有助于明确直播的背景和定位，为后续的分析提供基础。

2. 直播数据分析

直播数据分析主要从人气数据、销售数据等方面具体评估直播的效果。目前主流且比较知名的数据分析平台有飞瓜（图4-5)、抖查查、蝉妈妈、胖球数据、壁虎看看、红人点集等。其中飞瓜数据覆盖抖音、快手、B站等多个主流短视频平台，是数据全面、易于使用的短视频及直播数据分析平台。

飞瓜

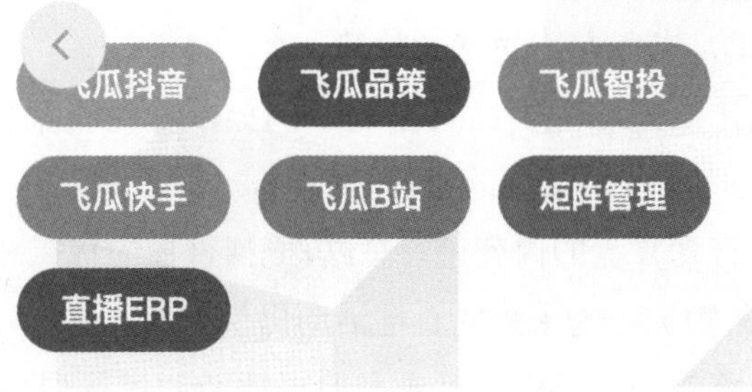

图4-5 飞瓜数据平台

（1）人气数据。

1)总场观(直播观看人数)。总场观反映直播间的流量情况,决定直播间的流量池等级。

2）平均在线人数。平均在线人数反映直播间的带货能力，一般来说，平均在线人数达到 50 人并保持稳定，就具备基本带货能力。

3）平均观众停留时长。平均观众停留时长反映直播间的留存效果，用户停留越长，直播间的人气越高，也反映出直播间产品的吸引力和主播的留人技巧。

4）转粉率。转粉率反映直播间的拉新能力，转粉率大于 5% 即为优秀。

5）互动率。互动率反映直播间的互动情况，3% ～ 10% 为正常值。

（2）销售数据。

1）销售额和销量。销售额和销量直接体现直播的带货效果。

2）转化率。转化率 = 下单人数 / 观看总人数，是衡量直播间观众的真实购买力。

直播数据平台通过收集、整理和分析直播活动的相关数据，为直播从业者提供了全面的数据支持，帮助优化直播内容，提升观众体验，并驱动业务决策。在选择直播数据分析平台时，用户应根据自己的需求和实际情况选择适合自己的平台。

（二）直播内容评估

可以从以下几个层面评估直播内容。

（1）直播的内容质量。评估直播内容的吸引力、专业性和创新性，了解观众对内容的喜好和反馈。

（2）直播的流程安排。分析直播的流程安排是否合理，包括开场、产品介绍、互动环节、结尾等部分，找出需要改进的地方。

（3）找到直播过程中的亮点与不足。回顾直播中的亮点内容和成功之处，同时指出存在的问题和不足，如技术故障、表述不清等。

（4）观众反馈收集。通过直播平台的评论、弹幕、私信等渠道收集观众的反馈和意见，了解观众对直播的满意度、建议和需求。这有助于更全面地了解直播的效果和观众的需求。

（5）团队协作评估。评估直播团队在直播过程中的表现，包括主播、场控、运营、客服等各个岗位。了解团队成员的协作情况、执行力和应变能力，找出需要改进的地方。

（6）问题分析与改进措施。根据直播数据和观众反馈，分析直播中存在的问题和不足，如内容不够吸引人、互动环节不足、技术故障等。

针对分析出的问题，制定相应的改进措施。例如，优化直播内容、增加互动环节、提升技术水平等。同时，明确改进措施的执行时间和责任人，确保改进措施得到有效实施。

（7）总结与展望。对直播复盘的内容进行总结，概括直播的优点和不足，以及改进措施。同时，总结直播中的经验教训，为未来的直播活动提供借鉴。

根据复盘结果和市场需求的变化，对未来的直播活动进行展望和规划。明确未来的直播方向、目标和策略，为未来的直播活动提供指导。

五、直播视频的拍摄技巧

（一）直播视频的拍摄准备

有效、高质的直播短视频的制作离不开直播设备的精准配置。根据不同团队、不同的直播需求，设备的配置存在差异。如个人主播在准备直播时，需要的配置相对简易：手机、声卡、无线麦克风、灯光宽带等设备即可满足。但在打造专业直播团队时，设备的配置预算需要更加充分。直播间直播和现场直播的设备要求也不相同。根据实际需求情况准备合理、高效、优质的直播设备是完成直播工作的重要前提。

目前直播形式有 PC 端和手机端两种：YY、斗鱼等软件为 PC 端直播平台；抖音、快手、腾讯看点等软件为手机端直播平台。针对不同的直播形式、直播主题需要准备不同的直播设备。常用直播设备包括但不限于电脑、手机、宽带、路由器、声卡、转换器、投影仪、显示屏、多功能支架、麦克风、灯光、摄像机、调音台等。

1. *直播设备种类及用途*

（1）台式电脑。对于 PC 端直播，最重要的设备是一台能够确保直播流畅性和稳定性的台式电脑。与笔记本电脑相比，台式电脑的性能和性价比都显得更高。在电脑配置方面，有以下数据可以参考：15 ～ 25 英寸（1 英寸 =2.54 厘米）左右的护眼显示器、独立显卡、8GB 以上内存、内置声卡、Windows 7 以上系统、1GB 以上独立显卡、高清摄像头。

（2）宽带及路由器。直播对网络的要求非常高，在宽带的选择上尽量选用光纤宽带，光纤宽带可以实现上行速率与下行速率同步。理论上，上行带宽越高越好，可以通过网站进行可视化网速监测。PC 端直播通过网线连接可以更好地保持网络的稳定性，手机端直播需要借助无线路由器。两种直播形式必要时也可以配备信号增强器。

（3）手机及充电器。手机直播中最重要、最基础的配置是手机。手机需要满足摄像功能强大、运行速度快、内存充足、音质好以及屏幕大等特点。根据直播情况不同，对于手机数量的需求也有所不同。在个人主播带货时，通常需要两部手机：一部手机用于直播；一部手机用于场控。充电器也是必备物品，直播耗电严重，充电器可以避免直播过程中电量不足导致直播中断。

（4）声卡。声卡又称音频接口，声卡可以分为外置声卡、内置声卡和板载声卡。直播通常使用外置声卡或内置声卡，板载声卡的性能达不到直播需求。声卡的工作原理是将人们在麦克风输入的音频信号转换成数字信号传送到电脑，最后数字信号经过处理还原成音频信号输出到耳机、音箱中。内置声卡用在台式电脑主板上的 PCI 插槽上，用电脑端直播时，无特殊要求的情况下内置声卡就可以满足直播需求。

外置声卡的使用更广泛，在台式电脑、笔记本以及手机上都可以使用。外置声卡需要根据不同的直播需求进行配置。外置声卡可分为电脑声卡、手机直播声卡、电脑手机通用声卡。电脑声卡只能在电脑上通过 USB 连接使用。如果想在手机上使用电脑声卡需配置手机直播转换器。手机直播声卡的价格比电脑声卡便宜且更便捷，可以直接插入手机中使用，也可随身携带。电脑手机通用声卡不需要手机直播转换器，比起专用于某一种设备的声卡更加方便。

在电商直播中，声卡并非必备设备，根据主播或直播间要求选配即可。但在 K 歌等对声音要求高的直播中声卡是必备设备。

（5）麦克风。品质好的麦克风能够为直播助力。在直播中通常使用电容麦。电容麦的选择需要参考两个标准：预算和直播类型。电容麦的价格根据规格不同从百元到万元不等。与声卡的配置相似，在对声音要求高的直播中需要重视电容麦的配置。在日常电商带货直播中，麦克风只要满足声音清晰传达、降噪等基础功能即可。

（6）灯光。根据不同的直播需求有多种灯光可供选择。根据直播间面积、室内直播、室外直播等直播条件选取不同灯光。灯光在直播中的主要起到美化主播、美化背景的作用。灯光通常会用到柔光灯箱、LED 灯、灯架、顶灯等设备。个人直播比团队或机构直播对灯光的要求更简便，只要在直播时选取直播补光灯即可满足直播需求。

（7）摄像机。在团队或机构直播等更专业的直播中，摄像机的使用将极大提高直播品质。高清摄像机能对画面进行 720 线逐行扫描，拍摄质量和清晰度都比较高，分辨率可达到 1280px×720px。如果条件允许可以使用数码摄像机，数码摄像机可以实现 1080 线逐行扫描，其分辨率达到 1920px×1080px。一般情况下，高清摄像机足以满足直播需求。

（8）直播用多功能支架（图 4-6）。直播用多功能支架是手机端直播时的必备设备，与相机三脚架相似，但在功能上比相机三脚架更丰富。直播时可以将多部手机、声卡、补光灯安装在支架上，以保持直播的画面稳定性和画面质感。

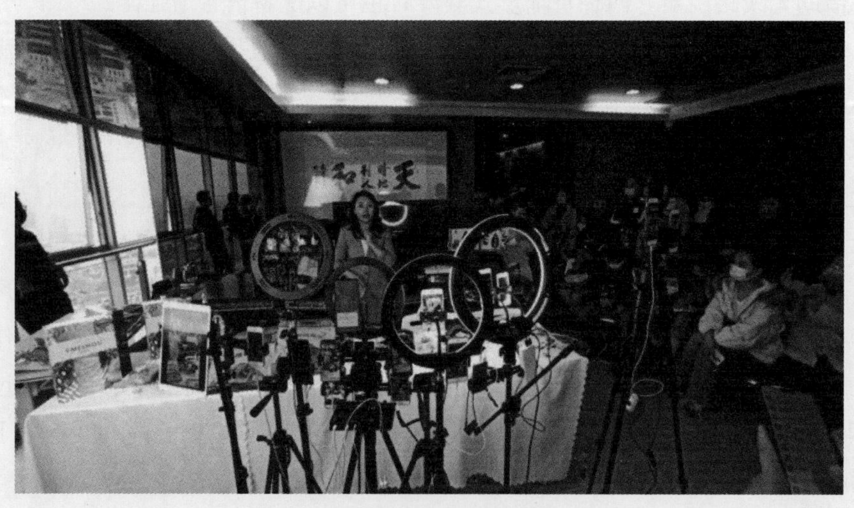

图 4-6　直播用多功能支架

（9）调音台。调音台可以把麦克风声、伴奏声、乐器声等声效集合并进行统一控制和限噪。调音台又分为直播调音台和录音调音台。相比较直播调音台，录音调音台的功能更为复杂。电商直播建议选择 6 孔以上带混响的调音台。

（10）屏幕转换器。在个人直播中，有的主播会用一个手机进行直播，另一个手机查看互动信息。但在大型直播中，主播对屏幕中字幕的识别要求较高。因此需要配置转换器，将屏幕信息转换至显示屏中，帮助主播看清屏幕上的内容。转换器有苹果版、安卓版和通用版，根据直播设备选择即可。

（11）投影仪与显示屏。转换器转换屏幕内容时，需要配合投影仪及显示屏的使用。投影仪和显示屏可根据直播间以及预算进行选择。

（二）直播间摄像机位设置

1. 增强交流互动

直播对主播的要求颇高，为了提升主播画面的交流感和互动感，摄像机的镜头要与主播的头部平行，让主播的视线与手机镜头外的观众视线平行。采用平拍的机位可以实现面对面交流的视觉效果。

2. 景别与场景的结合

在室内直播中既要照顾到主播的形象，也要兼顾场景中的信息，新媒体直播一般可以分为站播和坐播。站播一般采用全景，即从头到脚把主播拍摄进画框。坐播一般采用中景，即只展示主播上半身并且要兼顾主播前面的物品。

3. 户外直播

户外直播比起室内直播更加新奇，一般是展示主播体验的过程。它的拍摄技巧可以借鉴前述的打卡视频的拍摄和竖屏视频拍摄。户外直播也可以由主播自己拿着手机拍摄，在拍摄时要连接稳定器，确保主播在运动时画面稳定。

（三）室内直播灯光设置

直播一般要求脸部光线均匀并保持较高的亮度，因此直播布光非常重要。一些简单的直播可以利用简易的环形补光灯。但是随着直播行业的竞争越来越激烈，很多专业的直播间的布光都非常完整。下面将介绍专业的直播间的布光方案。

1. 光的性质

光是摄像中重要的造型工具，要想用光造型，先要了解光的性质。光的性质通常是指拍摄所用光线的软硬性质，可分为硬光和软光。硬光与软光照射在同一物体上的区别如图 4-7 所示。

硬光是方向明确的直射光，在硬光的照射下，被摄物体上会投射出明显的阴影。硬光的照射特点是明暗对比强烈。

软光是一种漫散射性质的光，它没有明确的照射方向。在软光照射下，投射的阴影很淡。软光照射的特点是亮部与暗部亮度差别不大。

图 4-7　硬光与软光照射在同一物体上的区别

2. 直播间用光选择

在摄像用光中，硬光和软光没有好坏之分，通过合理运用可以有助于塑造人物、渲染氛围。在直播间中，布置软光可以提升画面层次细腻感，画面会更柔和，有利于展现人物柔美、亲和的一面。无论男性或女性主播，都非常适合在直播间里使用软光造型。

3. 直播间人物布光技巧

（1）工具准备。

直播间布光的灯光器材有点光源灯具、面光源灯具、柔光箱、灯罩等。

（2）实践操作。

1）设置主光。主光是摄像中用于照明被摄对象的主要光线。

布光要领：在直播间场景中，主光源要选择照射面积、角度更大的面光源，并且光源要放置在被摄人物前侧 45 度的角度。光源要高出人物的头部，呈 20 度俯射状态。这样可以把人物的脸部、身体都照亮，并形成层次感丰富的光影。

2）设置辅助光。辅助光是摄像中用于补充主光照明的柔和散射光线。

布光要领：辅助光要选择散射光源。光源亮度要比主光弱，它的位置要放置在人物的另一个侧脸 45 度的位置，作用是稍稍照亮主光投下的阴影部分。辅助光的光位要与主光配合，并比主光光位低。

3）设置轮廓光。轮廓光是可以使被摄对象产生明亮边缘的光线。

布光要领：轮廓光的亮度是三盏灯里面最亮的，而且一般选用点光源。因为点光源的光线是硬光，可以更好地塑造轮廓。轮廓光放置在人物的侧后方，并高于人物的头部，这样可以在人物的头上、肩背上投射和勾勒出明亮的光线，能让人物与背景区分开来。

要想让主光、辅助光和轮廓光这三种灯光相互配合，以达到完美的拍摄效果，要记住一个口诀：

主光强，辅助光就要弱；

主光高，辅助光就要低；

主光侧，辅助光就要正。

扫描二维码，观看直播间人物布光。

直播间人物布光

课中自测

1. 视频直播的引流主要分为哪些类别？请举例说明。
2. 视频直播拍摄前需要进行哪些准备？
3. 现在需要为农产品完成一次直播带货，请在直播前策划一期引流短视频。
4. 直播间灯光布置的要点有哪些？
5. 户外直播需要什么辅助设备？

项目实施

通过完成直播项目的制作，同学们对直播的内容创意、视频引流等方面有了更全面的了解。

视频直播项目实施列表

<table>
<tr><td colspan="5">项目名称：</td></tr>
<tr><td>组长：</td><td>副组长：</td><td>成员：</td><td>成员：</td><td>成员：</td></tr>
</table>

<table>
<tr><th colspan="4">实施步骤</th></tr>
<tr><th>序号</th><th>内容</th><th>完成时间</th><th>负责人</th></tr>
<tr><td>1</td><td>制定直播流程</td><td></td><td></td></tr>
<tr><td>2</td><td>完成直播引流视频拍摄及发布</td><td></td><td></td></tr>
<tr><td>3</td><td>直播工作人员分工</td><td></td><td></td></tr>
<tr><td>4</td><td>直播间的布置</td><td></td><td></td></tr>
<tr><td>5</td><td>租借及调试直播设备</td><td></td><td></td></tr>
<tr><td>6</td><td>直播过程的实施</td><td></td><td></td></tr>
<tr><td>7</td><td>直播复盘</td><td></td><td></td></tr>
<tr><th colspan="4">实操要点</th></tr>
<tr><td>1</td><td colspan="3">直播流程要清晰、可操作，根据直播所需的步骤逐一细化和落实，并能够指导视频直播的整体环节</td></tr>
<tr><td>2</td><td colspan="3">直播间要特别注意灯光的布置，目前的实训条件主要是在室内开展直播实训，要依据前述的室内布光技巧进行布置</td></tr>
<tr><td>3</td><td colspan="3">直播复盘中要特别注意对于直播视频画面的实时反馈和记录，为后续直播间的布置以及以后的直播提供参考</td></tr>
</table>

作品展示

以小组为单位，上台分享创作心得，在课堂上进行作品展示。教师点评，学生互评，并根据情况利用课后时间修改作品。

项目评价

视频直播项目评价表

项目名称：

评价项目	评价因素	满分	自评分	教师评分
直播内容	主题鲜明	5		
	内容扎实、新颖、互动性强	15		
主播	人设合理、个性鲜明	30		
	思路清晰、谈吐自然，善于带动气氛	5		
直播间布置	直播背景与场景要求一致	10		
	直播间用光合理 直播道具准备充分	20		
摄像	构图完整	5		
	画质清晰流畅	10		
总分				

综合评分：自评分（50%）+ 教师评分（50%）

项目完成情况分析	
优点	缺点

整改措施

项目5 AI视频创作

项目导读

人工智能（Artificial Intelligence，AI）是研究、开发用于模拟、延伸和扩展人的智能的一门技术科学。AI 技术的飞速发展为媒体行业带来了新的机遇。虚拟现实（Virtual Reality，VR）和增强现实（Augmented Reality，AR）的技术迭代、元宇宙世界、虚拟主持人、大模型等，都与 AI 发展密不可分。全球新闻传播领域在技术创新的推动下，呈现出智能化发展的趋势。AI 技术正在改变新闻生产的全流程，从而导致媒体产业价值链的各个环节都发生了变革，甚至催生了新的媒体形态。随着移动互联技术和 5G 的进一步演进，电商、直播和小视频等内容深度融入了大众的日常生活，使大众的日常生活方式和生活习惯进一步向视频化转变。因此，相较于纯文字，视频通过视觉和听觉的结合能更直观、更有效地传递信息。在视频创作中，AI 的运用也越来越广泛。AI 视频是结合 AI 技术创作的视频。

学习目标

1. 了解 AI 视频。
2. 了解 AI 视频的类型、特点。
3. 了解 AI 视频的内容设计。
4. 掌握 AI 视频创作技巧。

项目要求

在 AI 视频创作之前，创作者需要明确视频的需求和目标。根据不同的需求选择不同的视频 AI 处理功能。该项目简单易学，零基础的创作初学者也可以轻松完成，需要创作者完成 AI 换脸、AI 变化视频风格、AI 图片生成视频、AI 文本生成视频等项目，并选择合适的平台进行发布。

知识链接

目前，使用AI技术生成视频的工具非常多，使用最普遍的是AI文本生成视频和AI图片生成视频。例如博主“数字生命卡兹克”在微博、B站等多个平台同时发布了AI技术生成的视频、短片、MV等。第一种AI技术生成的视频是AI文本生成视频，例如国内的一帧秒创（图5-1），只要输入一段视频文案或直接复制文章链接就会自动匹配画面、音频、字幕，一分钟生成一个视频。即使对视频哪部分不太满意，去素材库替换就好，自由度很高。第二种AI技术生成的视频是AI图片生成视频，如博主“数字生命卡兹克”在微博发布的用MidJourney生成693张图、用Gen2生成185个镜头，最后选出来60个镜头剪辑成了《流浪地球3》预告片。

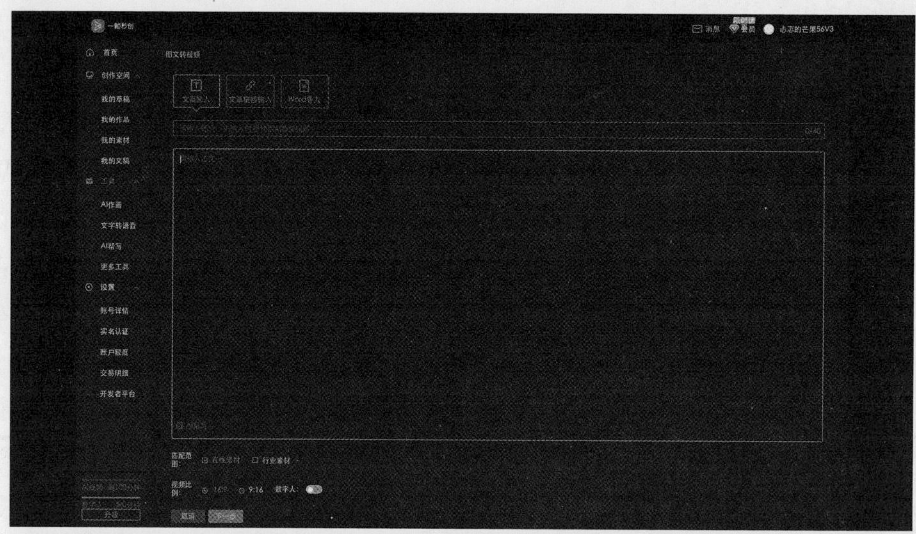

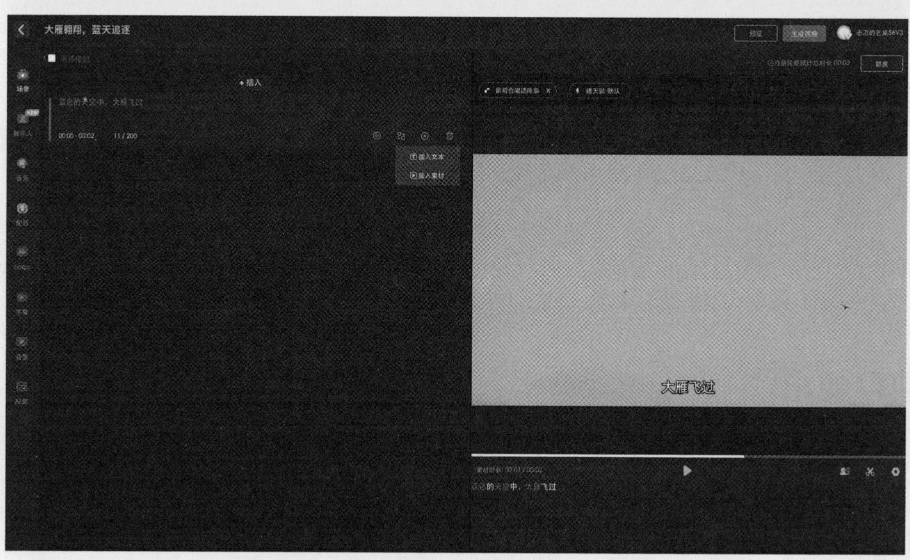

图5-1　一帧秒创AI文本生成视频

一、AI 视频的类型

（一）AI 换脸

AI 换脸最初是在 Reddit 社区中流行开来的，一位 Deepfakes 的用户发布一系列明星换脸小视频吸引了大量的用户关注，作者随后在 Github 上开源了技术代码。随后来自全世界的开发者共同合作对换脸技术进行接近两年的优化迭代。现在的换脸技术越来越成熟，不仅复杂场景的换脸更容易，而且模型训练速度也变得更加快速，使用的门槛也在不断降低。AI 换脸部分精心定制的视频已经可以以假乱真，在短视频创作和个人定制电影等领域都有大量的应用。AI 换脸正在改变电视剧和电影的制作方式。

目前我们能看到的绝大多数换脸视频都是通过 Faceswap 和 DeepFaceLab 制作的，它们的流程大同小异。

（二）AI 风格化视频

AI 风格化视频技术是将图像风格迁移算法应用于视频的每一帧，通过使用预训练的深度学习模型提取每一帧图像的内容特征和风格特征，然后使用风格迁移算法将每一帧图像的内容特征与目标风格图像的风格特征进行合成，从而将目标风格应用于视频的每一帧，最终改变整个视频的风格。换句话来讲，AI 风格化视频技术能够创造出独特的艺术效果，可以实现视频的风格转换和艺术化处理，从而提升视频的视觉吸引力和表现力。这一技术在电影制作、广告创意、短视频制作等领域都具有广泛的应用潜力。抖音上与 AI 相关的视频，例如 AI 绘画、AI 变装等话题已累计上百亿播放量，其中不乏百万级和数十万级点赞量的单条爆款视频，而其背后正是基于 AI 风格化视频技术及应用的发展。

众多爆款视频用到了多种 AI 图像和视频风格化功能。

1. 图片到图片风格化

AI 风格化视频工具可以将一张图片的风格转移到另一张图片上，实现图片之间的风格转换，甚至让图片变得更加具有视觉冲击力和美感。例如，将一张随手拍的小狗转化成一个身穿华服在万花丛中伫立的漫画狗，让画面更具美感。

2. 文字到视频风格化

AI 还具备将文字转化为风格化视频的功能，用户可以输入一段文字，并选择相应的风格，然后 AI 会生成一个与该文字风格相匹配的视频。

3. 视频到视频风格化

AI 还能够对视频进行风格化处理，比如近期奥创光年为钟薛高 AI 新品冰棍 Sa'Saa 打造了国内首个 AI 风格化广告片，该广告片也运用了 AI 风格化视频技术。

钟薛高利用 AI 智能营销模型自主收集和洞察消费者对于冰品的喜好与需求，并将分析结果提供给奥创光年。奥创光年 AI Copilot 依据不同的创意场景匹配不同的风格化效果，最终生成了一部极具个性化的创意广告片，并很快得到了钟薛高市场团队的认可，被正式应用于各大宣发渠道。

在广告营销行业，广告片是属于极高质量的创意内容。而 AI 能直接生产符合广告行业标准，并让甲方客户满意的广告片，说明 AI 已经具备足够强悍的行业理解与内容生成能力。

AI 风格化视频技术除了可以定制 AI 风格化广告片，大幅降低广告片创意及制作成本，还可以直接应用于信息流广告营销素材的生产，提升日常营销素材内容的产量和质量。

今年的抖音集团巨量引擎大会上透露了一条重要消息，抖音信息流广告的发展方向已经发生了重大改变——将会更注重扶持原生优质素材，对素材质量的要求也有了显著提高。过去广告主倾向的通过投放大量素材跑量来博取平台算法推荐概率的方式，或许将受到极大影响。

（三）AI 图片生成视频

AI 图片生成视频是一项复杂的任务，目前主要可以通过以下两类技术实现。

1. 基于 GAN 的视频生成

生成对抗网络（Generative Adversarial Network，GAN）可以生成静态图片，也可以扩展到生成视频。GAN 的主要思路是训练一个生成器网络输出每一帧图像，然后组合成视频流。这需要大量的视频数据进行训练。

2. 基于自动编码器的视频生成

自动编码器可以学习视频的内在特征，并将视频编码为较低维的特征向量，然后可以对特征向量进行操作，再解码生成视频。这种方法可以实现视频样式转换等效果。

（四）AI 文本生成视频

通过 AI 技术，将文字内容转化为视频是一种创新的方式。AI 文本生成视频不仅可以提升文章的可视化效果，还能够更好地吸引观众的注意力。例如，在教育领域中，通过将教材内容制作成视频，学生们可以更轻松地理解和记忆知识点。AI 文本生成视频后可以给创作者提供更多的创作空间。创作者可以通过图像、音乐和特效等元素来丰富文章内容，使之更具艺术感和创意性。这样不仅可以提升内容的质量，还能够吸引到更多观众的关注。

二、AI 视频的特点

（1）方便快捷，轻松上手。不懂拍摄的人用文本描述、图片等方式也能生成视频。

（2）创作独特的视觉效果，使视频更有特点。例如，抖音短视频推出的 AI 绘画特效道具利用人工智能技术，为用户提供了多种艺术风格的自动化处理，包括漫画、油画等多种分类，让创作者在短时间内轻松获得具有艺术感的视频内容。

（3）视频内容的多元化。创作者根据不同的风格或形象，去发掘视频中不同的情感和意义，通过用户自身的想象力对转换结果进行发散性的解读。作品延伸出的这种解读方式为短视频赋予了多元的文化内涵和拓展性，大大丰富了平台的传播内容并拓宽了短视频内容的想象空间。

三、AI 视频的内容设计

AI 技术的发展让 AI 视频创作更加普及，要创作出精良的 AI 视频作品，需要有扎实的内容作为支撑。下面将讲述 AI 视频创作的方法。

（一）选取符合视频主题的风格

AI 转换工具可以实现油画、水彩、朋克等多种视频风格，因此在视频内容的设计上要选取符合主题表现的风格。例如，要制作六一儿童节的短视频，在利用 AI 转换风格时，可以把视频变为水彩风格，让视频更加具有童话色彩。

（二）拓展原始视频内涵

传统的视频合成技术可能受限于人工的能力和创意的想象。然而，AI 视频合成技术通过强大的算力和庞大的数据集，能够生成更加复杂和细致的视觉效果。例如，在电影制作中，AI 视频合成技术可以将一个演员的表情和动作与另一个演员的身体合成在一起，实现虚拟人物和现实人物的互动，从而打破了传统制作的限制，创造出更加精彩的场景和故事。

（三）符合道德规范

在短视频 AI 特效的使用上，系统首先要检测用户提供的图片信息，如脸部、身体、所在场景等。此类信息属于极为隐私的个人信息。在大量使用特效的同时，后台也采集了大量的个人隐私信息。这些个人信息的使用和泄露是使用特效要面临的法律问题。

AI 短视频作为一种新兴技术与短视频特效结合的产物，可以在短时间内将普通图片转化为风格迥异的图片，吸引了大量用户的好奇心。通过社交媒体推广，AI 特效短视频迅速扩大了影响力，在平台内形成独特的视觉狂欢文化现象，满足了人们的猎奇心理。平台借助 AI 技术打造出了更具特色和创意的内容，然而也带来了诸多隐忧，如内容同质化、把关缺位、版权侵犯和隐私泄露等问题都需要引起关注和重视。

未来，随着 AI 技术的不断发展和成熟，相信这种跨界的应用模式会越来越多，为平台短视频用户带来更加丰富、有趣和有价值的应用体验。但与此同时也需要用户及平台管理者更加规范和合理地运用技术，充分考虑到各种伦理和法律问题，让更多类似于 AI 特效的新技术真正成为人们生活和创作的有益工具，而不是造成社会负面影响的源头。

四、AI 视频的创作技巧

（一）AI 视频创作工具介绍

1. AI 脚本工具

在当今数字化时代，人们越来越倾向于使用视频作为信息传播的主要方式。而对于视频创作者而言，脚本的撰写是第一步，也是非常重要的一步。若能借助人工智能快速制作脚本可以大大提高工作效率。本节将介绍两款 AI 写视频脚本的软件，帮助创作者节省时间和精力。

（1）搭画快写。搭画快写（图 5-2）是一款高效易用的视频脚本自动写作软件，适用于网课制作、视频采访、剪辑视频、营销视频、教学视频等领域。只需输入一些视频相关的关键字，该软件就可以自动生成一份完整的视频脚本。而且搭画快写还可以根据场景需求调整文章格式和长度，对于拥有自定义需求的用户也非常友好。

搭画快写不仅可以自动生成视频脚本（图 5-3），还可以为已有的脚本进行润色。搭画快写的润色功能可以自动检测文章的语法问题并提供更加优质的单词和短语建议。同时，它还可以对脚本进行排版，使新生成的脚本更加美观和易于阅读。对于初学者、写作能力欠佳的创作者，润色功能可以使脚本更加规范和专业。

（2）阿里云智能写作。阿里云智能写作是一款集 AI 生成、润色和生产力工具的综合写作平台。其中，它的视频脚本自动写作能力非常强大，可以根据需求快速生成对应的脚本，以及更加规范和整洁的排版。相比于其他工具，阿里云智能写作的语言生成能力更加优越，可以生成人性化的、自然流畅的句子和段落。而且，阿里云智能写作还提供了更加丰富的版式和字体样式等自定义选项，让用户得到更好的书写体验。阿里云智能写作如图 5-4 所示。

2. AI 文本生成视频

随着 AI 技术的不断发展，越来越多的 AI 文本生成视频工具涌现出来，让视频制作变得更加简单和高效。以下是五款值得推荐的 AI 文本生成视频工具，分别是鬼手剪辑 GhostCut、度加剪辑、闪剪、Visla、万兴播爆、一帧秒创和剪映。

（1）鬼手剪辑 GhostCut。鬼手剪辑 GhostCut 是一款非常强大的 AI 视频剪辑工具，它能够通过 AI 技术自动剪辑和合成视频，同时还支持语音合成和文字动画等功能。使用鬼手剪辑 GhostCut 可以快速地将文字转化为视频，并且可以在云端进行剪辑，非常适合需要大量制作视频的营销人员和自媒体创作者使用。

（2）度加剪辑。度加剪辑是百度推出的一款 AI 视频剪辑工具，它可以通过 AI 技术自动识别语音并转化为文字，然后将文字与视频素材进行匹配，实现自动剪辑和合成。度加剪辑还支持多种风格的视频模板，可以快速地制作出高质量的视频。

AI智能一键写作&排版

批量写文、自动配图

开始创作 →

快写

秒写千文：只需一个标题，AI一键生成千篇原创内容，篇篇不重复。
平台定制：根据各个平台算法规则，自动生成最优原创内容，篇篇是爆款。
智能配图：一键AI设计图片、AI自动匹配、插入文章，篇篇高质量。
万能助手：小说、故事、营销文案、种草测评均可一键设置，篇篇都很香。

快发

一键代发：每天最高可发布4000篇内容，爆炸式占据各个主流平台。
真人发布：真实、高质量自媒体人代发，算法推荐、搜索流量双双拿下。
主流平台：覆盖国内外所有主流平台、新闻媒体、门户站点，立体式宣传超强势。

快占

搜索引擎：主流搜索引擎霸屏式占领，助您打造人人推荐、人人好评的品牌
热门平台：小红书、抖音、快手、知乎等平台站内+站外流量全都要。
新闻媒体：各大权威新闻媒体快速直发，树立品牌、产品新高度。
投放提效：全方位树立品牌，提升广告投放客资转化率，ROI直接提升40%。

如果您是企业，搭画快写让“您”成为各个平台的明星

小红书　知乎　百家号

品牌软文

根据平台规则，一键生成大量高质量品牌内容，一键代发，快速覆盖各大主流平台。

产品介绍

根据产品亮点，一键生成各个维度产品剖析内容，AI自动美化产品图片，自动插入文章，360°展现产品之美

种草、测评

一键生成润物细无声的种草、测评文章，角色、语气、背景均可定制化设置。

视频脚本

一个视频标题，即可一键生成高质量视频脚本，提升效率的同时，还能给您超多的灵感启发

电商包装

一键键生成主流电商平台产品包装方案，从卖点到痛点只需一个按键即可无缝包装。

市场文案

SEO、推广原创文章一键生成数千篇，推广计划也能帮你想，提升效率、降低成本、打开思路

搭画快写——给您无限可能，定制化需求也能快速满足！

如果您是个人用户，搭画快写会是您的万能助理

工作小能手

写文章、发言稿、工作报告、工作计划、翻译、编程、写脚本等均能快速实现。

学习小助理

写作文、写作业、学英语、写小说、写故事、咨询建议等随时随地生成。

生活小帮手

写诗词、菜谱、生活技巧、祝福语、点评、旅游文案、朋友圈文案等均可一键生成。

😎准备好了吗？现在就可以

开始创作 →

图 5-2　搭画快写页面

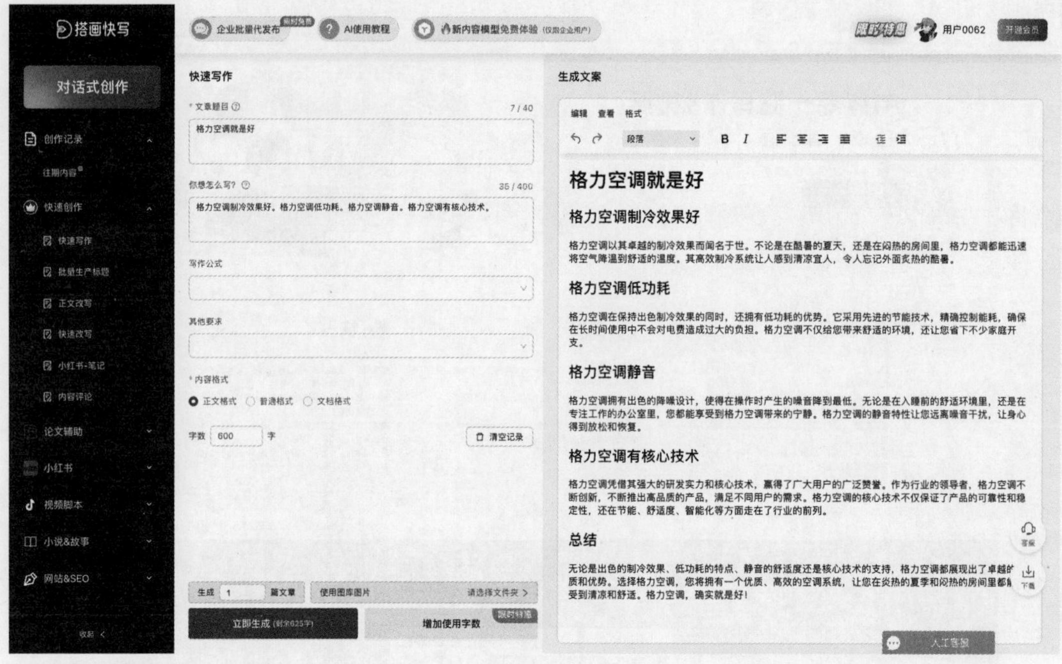

图 5-3　搭画快写脚本工具

图 5-4　阿里云智能写作

（3）闪剪。闪剪是一款手机端的 AI 视频剪辑工具，它可以通过 AI 技术自动识别语音并转化为文字，然后根据文字内容自动剪辑和合成视频。闪剪还支持多种风格的视频模板，可以快速地制作出高质量的视频，非常适合自媒体创作者使用。

（4）Visla。Visla 是一款非常强大的 AI 视频制作工具，它可以通过 AI 技术自动生成视频素材，同时还支持语音合成和文字动画等功能。Visla同样提供了多种风格的视频模板，可以快速地制作出高质量视频。

（5）万兴播爆。万兴播爆是一款针对电商行业的AI视频制作工具，它可以通过AI技术自动剪辑和合成视频，同时还支持语音合成和文字动画等功能。万兴播爆可以快速地将文字转化为视频，并且可以轻松地制作出高质量的视频，非常适合电商行业的从业者使用。万兴播爆AI视频制作工具如图5-5所示。

图5-5　万兴播爆AI视频制作工具

（6）一帧秒创。一帧秒创是基于秒创人工智能生成内容（AI Generated Content，AIGC）引擎的智能AI内容生成平台，它可以为创作者和机构提供AI生成服务，包括文字续写、文字转语音、文生图、图文转视频等。一帧秒创通过对文案、素材、AI语音、字幕等内容进行智能分析，可以快速成片，实现零门槛创作视频。一帧秒创AI内容生成平台如图5-6所示。

（7）剪映。剪映具有非常简洁明了的界面和操作方式，同时也提供了许多自动化的功能，如字幕生成、颜色校正等。这些功能可以让用户更加高效地完成视频创作，节省了时间和精力，让创作的过程更加流畅。剪映如图5-7所示。

鬼手剪辑GhostCut、度加剪辑和闪剪更适合移动端和云端使用，而Visla、万兴播爆和一帧秒创则更适合在电脑上使用，剪映两者都适合。自媒体创作者和电商行业的从业者都可以尝试使用这些工具快速地制作高质量的视频。

图 5-6　一帧秒创 AI 内容生成平台

图 5-7　剪映

3. AI 图片转视频工具

目前 AI 生成的视频主要是短视频，有大量的 AI 工具、软件和服务可以生成各种形式的短视频。熟悉了各种生成短视频的方法，再结合完整的长视频创作工作流程，就可以生成情节和故事性更完整的长视频。再长的电影也是由一个镜头接一个镜头、一个场景接一个场景衔接起来的。国外的 AI 图片生成视频工具主要有 Runway、Midjourney，国内的 AI 图片生成视频工具主要有抖音、阿里云 I2VGen-XL、万彩 AI、触站 AI 等。AI 特效种类如图 5-8 所示，万彩 AI 如图 5-9 所示。

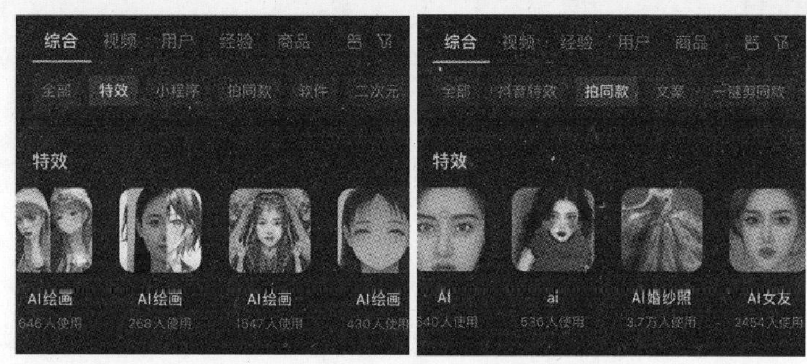

图 5-8 AI 特效种类

图 5-9 万彩 AI

（二）AI 视频创作步骤

以“良渚文化”为主题的 AI 视频呈现的是良渚文化中的精神价值。最终效果截图如图 5-10 所示。

图 5-10 “良渚文化”AI 视频最终效果截图

1. 拟定创作思路

在开始制作视频之前，明确创作者希望通过视频实现的目标非常重要。首先要确定通过视频传达的目的、目标受众和信息。如制作以“良渚文化”为主题的 AI 视频，确定创作者想要呈现的是良渚文化中的精神价值，然后再确定要用哪一款软件来呈现。

2. 根据思路确定脚本 AI 工具

搭画快写可以分析大量的文章，从而快速撰写各种文本，因此选用搭画快写（图 5-11）来呈现。

图 5-11 搭画快写登录页面

单击左上角的“登录 / 注册”按钮，输入手机号及验证码，进入页面，如图 5-12 所示。

图 5-12　进入“登录 / 注册”页面

进入搭画快写页面，找到视图左上角的“开始创作”按钮，进入到创作页面。进入搭画快写创作页面，可以看到左侧工具栏分别为对话式创作、创作记录、快速创作、论文辅助、小红书、视频脚本、小说故事和网站 SEO 等模块。进入搭画快写创作页面，如图 5-13 所示。

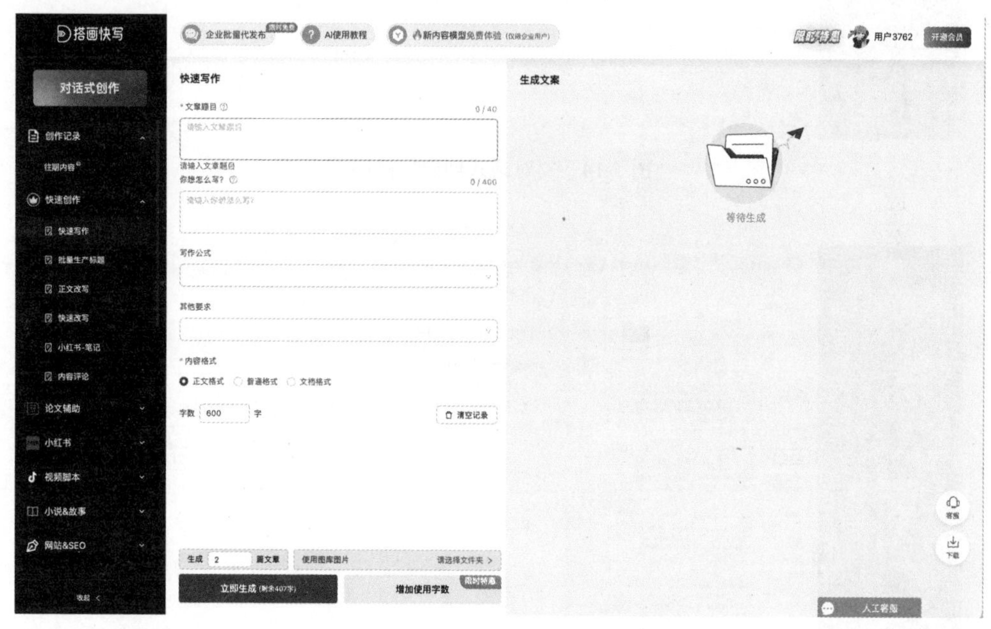

图 5-13　进入搭画快写创作页面

（1）对话式创作。单击“对话式创作”模块（图 5-14），左侧工具栏显示热门工具、社交媒体、品牌营销、短视频、企业应用、商业、学习、娱乐、生活模块。单击“短视频”模块（图 5-15）可以看到不同的分类。其中“短视频 - 文案”擅长撰写引人入胜的短视频文案。短视频文案通过精炼的文字和吸引人的故事情节，使短视频内容更具吸引力和独特性。文案能够准确表达创意、吸引观众的注意力，并帮助提升短视频的观看量和分享量。“短视频 - 文案改写”模块擅长对已有的短视频文案进行修改和优化，通过重新组织和编辑文案，使其更具吸引力、情感共鸣和影响力。改写能够提升短视频的表达效果和传播效果，吸引更多观众的关注和分享。“短视频 - 拍摄脚本”模块负责创作短视频的故事情节和剧本，将创意转化为具体的场景和角色，保证拍摄过程的顺利进行。脚本能帮助导演和摄像团队实现精彩的短视频拍摄，让观众沉浸其中。

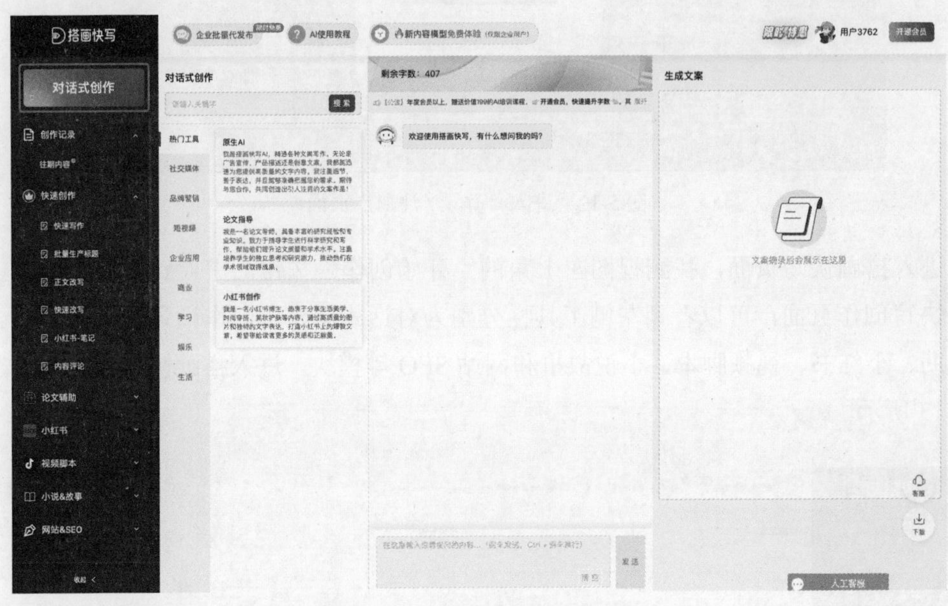

图 5-14 “对话式创作”模块

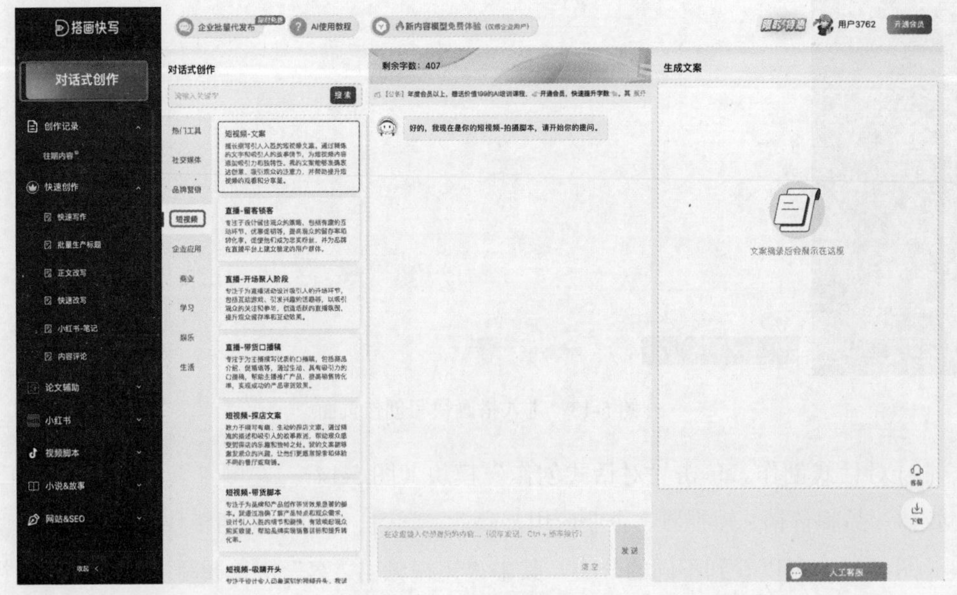

图 5-15 “短视频”模块

（2）快速创作。单击“快速创作”模块（图 5-16），左侧模块下显示快速写作、批量生产标题、正文改写、快速改写、小红书-笔记、内容评论模块。单击“短视频工具”，创作此次的以“良渚文化”为主题的 AI 视频。

图 5-16 “快速创作”模块

选择用“快速创作”模块下的“快速写作”来创作出的“良渚文化”AI 视频文案。选择“快速写作”，可以看到给出的参考模板，删除“文章题目”及“你想怎么写？”里的示例文字。

在“文章题目”中输入“良渚文化”，在“你想怎么写？”里输入“良渚文化的文化价值”。修改“内容格式”中的正文格式的字数为 300，生成一篇文章。如图 5-17 所示。

图 5-17 输入内容及修改格式

可以看到“立即生成”中剩余的字数，全部修改完毕后单击“立即生成”按钮。此时“立即生成”按钮会变成“生成中”字样，如图 5-18 所示。

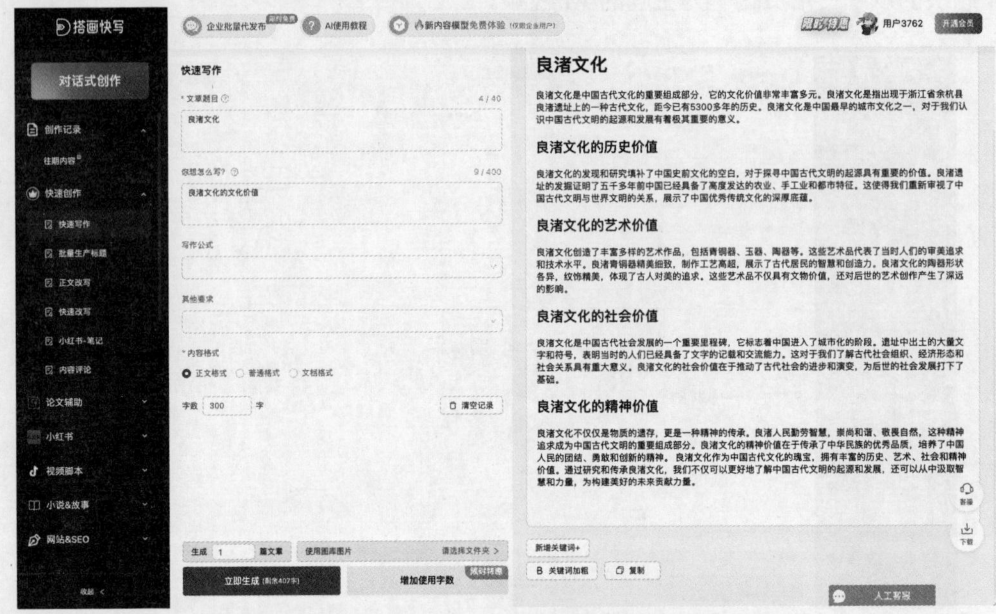

图 5-18 “立即生成”按钮

3. 根据脚本制作 AI 视频

根据确定的“良渚文化”AI 视频制作文本，选择适合的 AI 视频制作工具——万彩 AI。万彩 AI 工具如图 5-19 所示。

图 5-19 万彩 AI 工具

在万彩 AI 页面选择“AI 短视频”模块，进入登录页面。显示两种登录方式：微信扫二维码登录和手机短信验证码登录。“AI 短视频”模块如图 5-20 所示。

图 5-20 “AI 短视频”模块

将修改后的“良渚文化”AI 视频制作文本中的“良渚文化”精神文化内容，输入到 AI 短视频模块下的“01. 文案输入”模块。文案输入如图 5-21 所示。

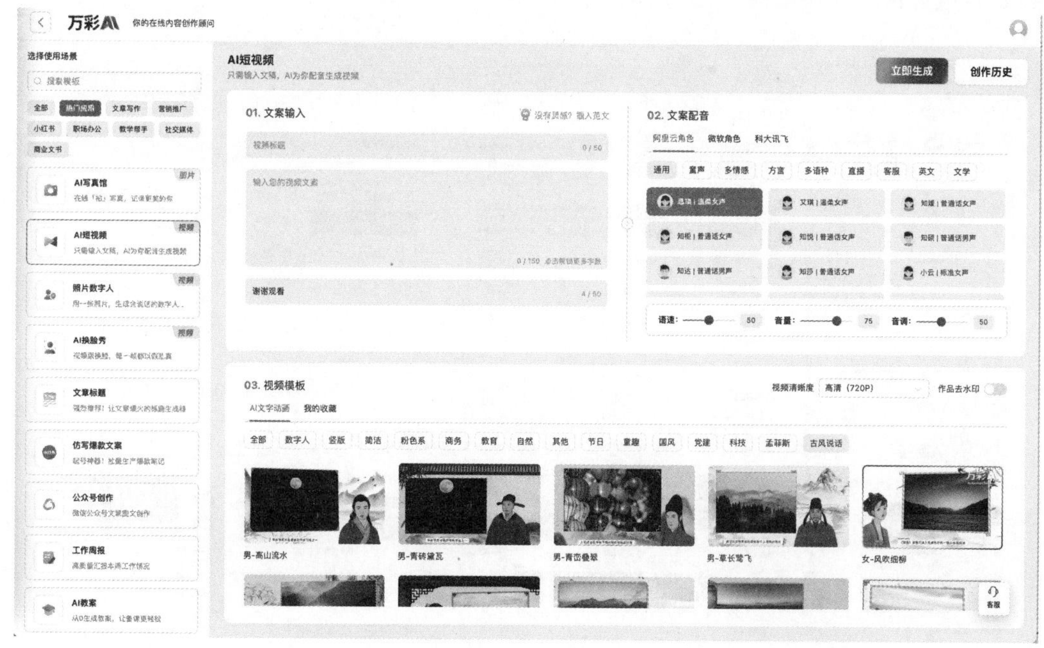

图 5-21 文案输入

根据文案内容，进入“02. 文案配音”模块，选择适合此次主题的配音。“02. 文案配音”模块下的阿里云角色、微软角色以及科大讯飞模块下都有不同的配音方式，此次主题选择微软角色中的“晓晓 | 甜美女声”。选择微软角色配音如图 5-22 所示。

图 5-22　选择微软角色配音

根据文案内容及配音，进入“03. 视频模板”模块，选择“AI 文字动画”。“AI 文字动画”模块有比较详细的划分，此次“良渚文化”选择“古风说话”中的“女 - 风吹细柳”数字人。“古风说话”模块如图 5-23 所示。

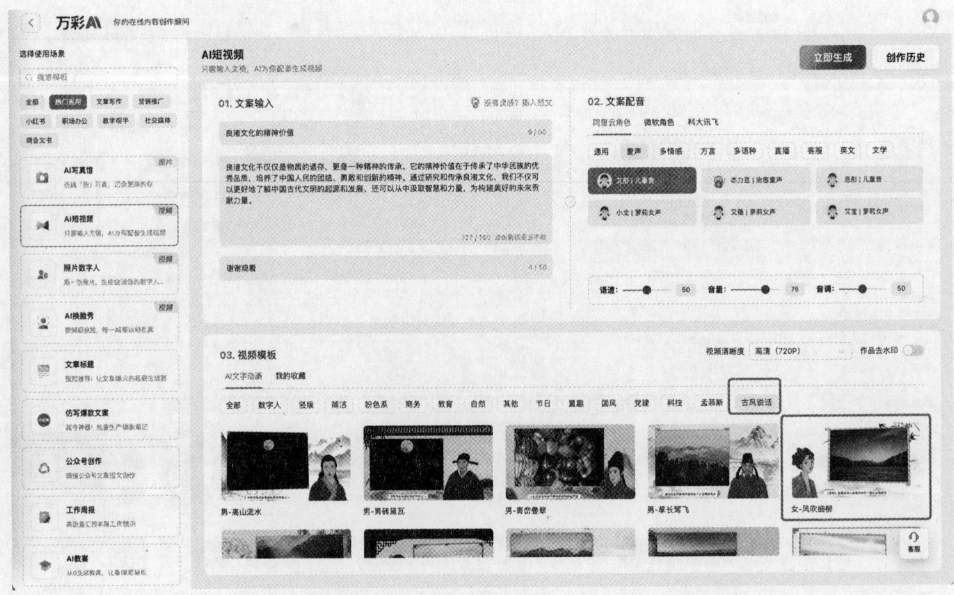

图 5-23　“古风说话”模块

根据文案内容、配音以及选择好的AI文字动画，确定不再修改后单击视图右上角的“立即生成”按钮。等待一段时间后，视频的最终效果如图5-24所示。

图5-24 “良渚文化的精神价值”AI短视频最终效果

课中自测

1. AI视频的分类有哪些？
2. AI视频制作工具的优缺点有哪些？举2～3个工具具体分析。
3. 要制作一集回忆历史的影片，请选择合适的AI风格。
4. 根据题目3选定的风格，分组讨论并分析是否合理。
5. AI可以替代人类创作视频吗？

项目实施

通过创作AI短视频，让同学们了解AI工具的使用过程，熟练掌握AI文案创作、AI短视频剪辑及合成，了解创作AI短视频的整个过程。

AI视频创作项目实施列表

<table>
<tr><td colspan="4">项目名称：</td></tr>
<tr><td colspan="2">组长：</td><td>成员：</td><td>成员：</td></tr>
<tr><td colspan="4">实施步骤</td></tr>
<tr><td>序号</td><td>内容</td><td>完成时间</td><td>负责人</td></tr>
<tr><td>1</td><td>确定创作风格</td><td></td><td></td></tr>
</table>

续表

序号	内容	完成时间	负责人
2	视频素材搜集		
3	撰写内容大纲		
4	制定镜头脚本		
5	视频内容制作		
6	视频后期编辑		
实操要点			
1	制定镜头脚本。提前确定 AI 视频的风格，找好相关备用素材，注意素材风格要统一		
2	视频内容制作过程中，注意文字编辑的内容与素材的衔接，确保镜头的逻辑性、连贯性、流畅性		
3	后期剪辑中，巧妙利用字幕和音效，体现出 AI 视频的智能感		

作品展示

以小组为单位，上台分享创作心得，在课堂上进行作品展示。教师点评，学生互评，并根据情况利用课后时间修改作品。

项目评价

AI 视频创作项目评价表

项目名称：

评价项目	评价因素	满分	自评分	教师评分
AI 短视频创意	主题鲜明	5		
	内容扎实、新颖、可看性强、有风格	20		
AI 短视频内容	脚本内容选取合理	15		
	视频内容连贯	15		
后期编辑	视频逻辑性强	15		
	视频流畅	20		
	合理运用字幕、音效	10		

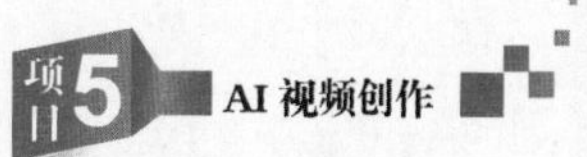

续表

评价项目	评价因素	满分	自评分	教师评分
总分				
综合评分：自评分（50%）+ 教师评分（50%）				

项目完成情况分析	
优点	缺点

整改措施

项目 6 竖屏视频创作

项目导读

现如今，手机已经成为人们工作娱乐的重要终端，为了适应人们竖着拿手机的习惯，竖屏视频逐渐发展起来。竖屏视频具有与横屏视频不一样的视觉感受，它在内容设计、拍摄手法上与横屏视频有明显区别。

学习目标

1. 了解竖屏视频的特点。
2. 了解竖屏视频的内容设计。
3. 掌握竖屏视频的拍摄技巧。
4. 掌握竖屏视频的剪辑技巧。

项目要求

采用竖屏的形式拍摄一期游记类短视频。选取符合竖屏展示的内容进行拍摄创作，利用竖屏视频的拍摄技巧、转场方式等技巧完成短片的创作。

知识链接

在日常生活中，手机最常见的成像方式是竖屏。在手机上，微信消息、刷短视频、网页显示等内容的展现几乎都是以竖屏的方式呈现。竖屏更符合用户握持手机的习惯，因为手机的普及，竖屏视频也迎来了发展的黄金期。竖屏视频如何利用视觉艺术来打动人心？创作者又如何创作出让人产生共情的艺术作品？我国著名导演张艺谋创作过竖屏美学系列微电影作品，这个系列一共分为四部：《遇见你》《陪伴你》《温暖你》《谢谢你》，这四部竖屏微电影从画面构图、场景的选取、镜头语言、剧情内容等层面都充分展现了竖屏视频的优势。

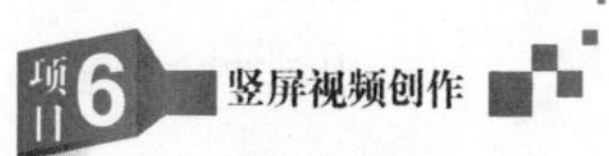

案例展示

扫描二维码，观看竖屏视频。

竖屏视频

一、竖屏视频的特点

横屏视频一直统治着诸如电视、电影等大银幕，由于横屏视频的宽高比和人的视野范围相符，所以横屏视频能带来更好的视觉体验。而竖屏视频的出现给人们带来了不同的视觉体验，与横屏视频相比，它具有以下特点。

（一）横向空间比较狭窄

竖屏竖屏的比例一般为9:16。在竖屏视频中，由于画面的高度大于画面的宽度，画面左右的空间被严重切割，所以画面内可以表达的信息就减少了，削弱了大景别画面的叙事效果。竖屏画面能容纳的信息量大约只有传统横屏画面的1/3。在展示远景、全景这样的大景别，例如大海、群山等画面时，竖屏在画面空间的展示上就处于劣势了。但是在展示垂直的大树、高楼等竖直的物体时，竖屏则能更好地展现其特点。

（二）从上往下观看

横屏视频更适合人眼观看的习惯。这是因为人的眼睛是横向排列，而不是上下排列，所以人们左右视野的范围要远远大于上下视野的范围。而人们在观看竖屏时，眼球是呈现上下运动的，因此竖屏视频的画面信息一般分布在上下部分。

二、竖屏视频的内容设计

竖屏镜头的展示媒体是手机。手机的屏幕比电视、电影、电脑等屏幕小了很多，在竖屏镜头的创作时要结合手机竖屏的特点，发挥优势、扬长避短。下面将学习竖屏镜头的内容设计。

（一）选择适合竖屏展现的场景

竖屏的特点有利于展示上下结构或者竖长的物体，所以在选择场景时，可以多选择上下结构的场景。例如竖屏短片《遇见你》讲述的是发生在火车上下铺之间的故事。选择上下铺的场景，能够让画面主体分布在屏幕的上、下两个部分，符合竖屏的展示特点，能够更好地展现画面的内容。竖屏视频更适合剧情相对简单、场景较为单一、人物较少的短剧和微电影等视频。

（二）精简核心内容

由于竖屏视频的观看场景通常在手机等移动设备上，用户的注意力往往比较分散，因此，在设计内容时，要力求精简、明了，能够短时间内吸引观众的注意力并传递核心信息。例如，竖屏视频横向空间狭窄，适合展现人物全身形象和面部特写。但由于手机屏幕小，因此画面中不能出现太多人物，一到两个人物在屏幕里的视觉效果最好，也最能凸显画面主体，吸引观众。

三、竖屏视频的拍摄技巧

（一）巧用构图，充分展现竖屏的美感

竖屏视频是适应手机而产生的，当人们使用手机浏览竖屏视频时，人们的眼睛是上下移动。所以在构图时，可以利用竖屏的特点和视觉上下运动的规律进行创作。

1. 对角构图

按照横屏视频的构图经验，在拍摄两个人对话时，可以左右对等地拍摄两个人物的对话。但是在竖屏的情况下，两个人物对话若是采用左右均分就会造成压迫感。为了更加合理地运用竖屏空间，可以采用对角构图，即让两个人物分别站在画框的对角线上（图 6-1）。对角构图的效果使得画面更有纵深感，也削弱了竖屏逼仄的空间感。

图 6-1　对角构图

2. 线条构图

线条构图是指利用场景中呈线条状的景物进行构图，或者将构图元素按照线条样式进行排列的构图方式。线条分很多种包括横向的、纵向的、规则的、不规则的等。

在景物的展现形式上，竖屏视频虽然在展现景物的辽阔方面处于劣势，但是可以更好地展现景物的蜿蜒与巍峨。例如，用竖屏能将长城或者参天大树的美感更好地展现出来。竖屏对纵向的物体有更好的表现力。所以当拍摄竖屏视频时，构图要多选用纵向的线条，例如竖直的建筑物、植物等。如图 6-2 所示，运用了石板路作为线条来构图。

图 6-2 线条构图

3. 上下构图

上下构图是指把主要元素放在竖幅画面的上、下位置进行排列，以表达它们相互关系的构图方式。把画面的主体和陪体分别安排在景框的上、下两个部分，按照上下分布的方式分配空间可以让画面信息更加饱满。这种构图方式一般用于两个主体同时在画面中。如图 6-3 所示，玩具车与后面的城堡呈现上下构图。

4. 留白构图

留白来源于我国传统的国画。很多国画都是竖轴画卷，采取竖构图。在国画当中，常常通过留白来展现简洁的画面，并突出意境（图 6-4）。留白是刻在中国人骨子中的审美情趣。给观者想象的余地，以无胜有的留白艺术，具有很高的审美价值。在实际拍摄过程中，适当地采取留白构图能让作品更有意境和韵味。如图 6-5 所示，天空、草地大面积留白体现了环境的空旷悠远。

图 6-3　上下构图

图 6-4　中国画中的留白构图

图 6-5 留白构图

（二）巧用运镜，让画面更酷炫

运动镜头是指摄像机在运动过程中所拍摄的镜头。传统的运动镜头有推、拉、摇、移、升、降、甩、跟 8 种。在项目 2 中，介绍过运动镜头的拍摄方法和技巧。但是竖屏与横屏在视觉感受上有本质的不同，人们在观看手机竖屏视频时，眼球是呈上下运动的，所以运镜设计也要遵循这一规律。结合竖屏的审美重点介绍几种适合竖屏镜头创作的运镜方法。

1. 摇镜头和移镜头

摇镜头：摇镜头就是在机位不变的情况下，摆动摄像机镜头方向，所拍摄出的画面。

移镜头：摄像机放在各种可以移动的设备上移动拍摄，都可以称之为移镜头。

为了克服手机竖屏时横向空间狭窄的局限，当需要展示宏大的场景时，可以使用摇镜头。通过镜头的摇动延展视域空间，使画面内容得到扩展，能更好地表现景观物体的规模和气势，加强视频内容的感染力。除了拍摄景物，在拍摄人物时，当单个静止画面很难将想要拍摄的全部人物和景物都包含进去，可以向左、向右慢慢移动镜头，进行空间转换和场景变化。这样可以更好地介绍人、物及环境，向观众呈现更多的视觉信息以增进理解。

2. 升镜头和降镜头

升镜头就是摄像机从下往上升起拍摄的画面，降镜头就是从上往下降。这两种镜头非常适合用竖屏来展现。竖长物体（如人的全身、高楼等）以及上下方向的运动使用竖屏时都可以得到较好的展现。竖向运动镜头主要是用升降镜头展示竖长物体的局部、用俯仰拍摄增加画面的纵深感和层次感。例如，拍摄一棵参天大树，通过升降镜头能展现大树的形状和气势。

3. 推镜头和拉镜头

因为手机不能像专业摄像机一样有变焦环，所以，此处的手机摄像的推镜头和拉镜头，实际上就是手机的前移和后推。推镜头是手机前移拍摄的画面，而拉镜头是手机往后移动拍摄的画面。

由于是手机在运动，所以拍摄出来的推拉效果更符合人眼的视觉规律。

例如林荫小道可以采用推镜头，用手机前移的拍摄方法有身临其境的感觉。当采用移镜头的时候，会打破画框的限制。通过镜头的移动可以展现更多的画面内容，让画面的信息更加丰富，创造出更多的视觉艺术效果，更有利于影视作品的表达。

竖屏镜头运镜技巧

扫描二维码，观看竖屏镜头运镜技巧。

四、竖屏视频的剪辑技巧

竖屏视频的时长一般较短，在抖音、快手等短视频平台上，超过半数的视频是竖屏视频。竖屏的内容短小精悍、视觉冲击力强，因此在后期剪辑上，可以通过转场、特技等技术增强视觉效果。

（一）巧转场，让视频更酷炫

在竖屏镜头创作中，可以通过使用转场技巧实现时间与空间的转换和场景的衔接，使镜头和段落的过渡更为自然流畅，还会形成特殊的视觉效果。此处的转场是指在拍摄中设计好的镜头，而不是通过编辑软件后期制作而成。

1. 遮挡转场

遮挡转场指利用物体将摄像机的镜头遮挡起来，然后从前一个场景移至后一个场景。在镜头创作中，常见的有用被拍摄对象的手部、物品去遮挡镜头的方法，也可以通过镜头的运动造成遮挡来实现转场。

实操提示：在拍摄遮挡转场时，第一种方法是被摄物体靠近摄像机镜头。这种遮挡技巧存在很强的主观性和互动性，一般是出镜人物用手部或者拿着某样物体，主动靠近遮挡镜头。为了让遮挡转场更加自然，在拍摄下一个衔接的镜头时，一般也利用相同的物体从遮挡的镜头中移开，使得两个衔接的画面有承上启下的关系。例如第一个画面是人物手部主动遮挡镜头，下一个衔接的画面就是手部从遮挡的镜头前移动出来，以达到转场的目的。

第二种方法是摄像机靠近被摄物体，让物体的某个局部画面充满整个屏幕，以达到看不清画面主体的效果。下一个衔接画面同样也需要从完全遮挡的镜头中运动出来。前后两个画面的运动轨迹一般要保持一致，才能达到视觉上的延续作用。

2. 摇镜头转场

当镜头快速的摇动时，画面会模糊，此时衔接下一个画面时，就不会产生太跳跃的视觉感受。这样可以实现转场。

实操提示：快速摇镜头转场时，动作一定要快，这样画面才能模糊。一般情况下，可以沿着物体的运动方向快速地摇动，例如，画面中人物从左往右行走，在摇动时可以往右快速摇动，让画面主体离开画框。

3. 相似体转场

相比前两种，使用相似体转场需要拍摄者从内容和形态的角度寻找前后镜头的内在联系，这需要更多精心巧妙的艺术思考。

相似体指的是前后两个镜头的主体都保持较为一致的形状或者相似的动作，通过前使用相似的物体衔接前后两个镜头，镜头画面随主体物从前一个场景移至后一个场景，二者之间有一种承接关系。

实操提示：使用相似体转场要在拍摄时充分构思，特别是构图和景别要保持前后相似。如果前一个画面是特写镜头，后一个画面的相似物体也要使用特写镜头。

扫描二维码，观看竖屏视频转场技巧。

竖屏视频转场技巧

课中自测

1. 用手机拍摄竖屏视频，如何保持画面稳定？
2. 竖屏镜头适合用来拍摄什么物体？
3. 双人对话时，竖屏镜头人物的位置关系如何布局？
4. 竖屏镜头的优势在哪里？
5. 竖屏镜头转场中，遮挡转场可以用什么物体来实现？

项目实施

通过创作竖屏视频，让同学们参与视频的前期策划、中期执行拍摄以及后期剪辑合成，了解竖屏视频的制作过程。

竖屏视频项目实施列表

项目名称：			
组长：	副组长：	成员：	成员：　成员：
实施步骤			
序号	内容	完成时间	负责人
1	制定拍摄方案		
2	选定出镜人员		
3	选定摄像人员		
4	租借摄像器材		
5	选定拍摄场地		
6	组织道具、服装设计和化妆等		
7	后期包装		
实操要点			
1	在拍摄前，要提前踩点，结合打卡地设计拍摄内容		
2	摄像过程中，要确保画面稳定，可以使用稳定器，并且要设计合理的转场镜头		
3	后期剪辑，巧妙利用字幕和音效，体现出竖屏视频的体验感		

作品展示

以小组为单位，上台分享创作心得，在课堂上进行作品展示。教师点评，学生互评，并利用课后时间修改作品。

项目评价

竖屏视频项目评价表

项目名称：

评价项目	评价因素	满分	自评分	教师评分
视频内容	主题鲜明	5		
	内容扎实、新颖、可看性强、有风格	20		
出镜博主	谈吐自然、服装得体	15		
	具备个人风格、辨适度强	15		
摄像	景别丰富、转场设计合理、构图完整	15		
	画面稳定、光线合理	10		
后期编辑	视频流畅、转场运用合理	10		
	合理运用字幕、音效	10		

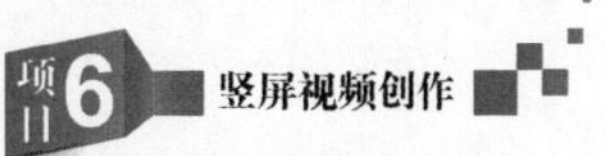

续表

评价项目	评价因素	满分	自评分	教师评分
总分				
综合评分：自评分（50%）+ 教师评分（50%）				

项目完成情况分析	
优点	缺点

整改措施

项目 7 无人机航拍视频创作

项目导读

如今，越来越多的航拍无人机用于视频制作之中。航拍的视角可以让人们平日里司空见惯的场景变得新鲜有趣。本项目将使用无人机拍摄精彩的镜头，用飞翔的视角为视频创作增添魅力。

学习目标

1．了解无人机的工作原理。

2．掌握无人机航拍的操作。

3．掌握航拍视频的创作技巧。

项目要求

拍摄制作一个以无人机航拍画面为主要素材的短视频，能够完成无人机飞行前的准备工作，观察航拍气象，利用景别、构图、运镜等镜头语言进行无人机航拍。

知识链接

无人机航拍摄像是用无人机作为空中平台，机手通过遥感设备控制无人机拍摄的画面。在早期，无人机往往携带 GoPro 或松下 GH4、索尼 A7 等微单 / 单反相机进行航拍。2014 年大疆的精灵 Phantom 2 Vision 打破了这一局面，相机与无人机的一体化成为趋势。随着技术不断升级，无人机航拍设备越来越轻量化、智能化，无人机拍摄迅速得到普及。众多摄像爱好者利用无人机拍摄了很多精彩的画面。无人机如图 7-1 所示。

图 7-1 无人机

案例展示

扫描二维码，观看航拍视频。

航拍视频

一、无人机航拍的特点

（一）视角独特

无人机航拍与传统拍摄手段最大的区别就是视角。传统的拍摄手段多是基于陆地，如平地、洼地、洞穴、山峦、建筑等，视角多为平视、仰视（水下摄像除外）。即使在山峦、建筑等高处可以获得俯视的视角，但是受限于所在地形、面积、高度等因素，也无法得到大范围、大视角的动态拍摄角度。无人机航拍则不同，航拍可以从空中俯瞰大地、山川、河流、海洋等，相较于陆基拍摄，航拍视角更为广阔，也能给人带来像鸟儿一样的视觉感官体验，图 7-2 为南宁邕江航拍。

图 7-2 南宁邕江航拍

（二）画面稳定、机动性强

早期的航拍画面一般使用直升机，由于直升机自身的机械振动较大且不可避免，摄像师只能通过固定三脚架、摄像机等设备减少拍摄画面的抖动。虽然后期也有将摄像机直接安装在直升机上进行航拍的操作，但是这些方式成本高，稳定性和操作性也比较有限。而现在的无人机采用了先进的飞行控制系统，包括飞行控制器、陀螺仪、加速度计等多个传感器，让无人机能够保持较好的稳定性，使航拍的画面更稳定。

另外，无人机航拍还具有机动性强的特点。以大疆的 Mavic 3 Pro 为例，它的最大上升速度为 8 米 / 秒，最大下降速度为 6 米 / 秒，最大水平飞行速度（海平面附近无风）为 21 米 / 秒。在拍摄高速运动的物体时，这样的机动性能无疑具有很强的可操作性和优势，例如奔跑的人和动物，飞驰的汽车、快艇等，都可以通过无人机航拍记录下这些精彩的运动过程。

二、飞行要求

（一）资质

随着民用无人机的飞速发展，适用于航拍的无人机操作也越来越简单方便。一般使用者经过简单的学习、训练后，就可以操作无人机进行飞行拍摄。不过为了确保航空飞行安全、便于管理，民用无人机也有一定的准入机制，具体来说就是需要驾驶员考取相应的飞行资格。中国大陆地区对于民用无人机的飞行管理，采用的是实名登记和远程 ID 识别的方式。根据《中华人民共和国民用航空法》（中华人民共和国主席令第五十六号）如果想要飞行无人机，需要先进行实名登记，然后在飞行前通过远程 ID 识别。同时，如果想要从事商业性质的无人机飞行活动，也需要取得相应的飞行执照。

知识拓展

国内的飞行执照基本分为六大类：CAAC（中国民航无人机驾驶证）、AOPA（国际航空器拥有者及驾驶员协会 - 中国分会，无人机驾驶员合格证）、ALPA（中国民航飞行员协会，无人机操控员合格证）、ASFC（中国航空运动协会，无人机运动员会员证）、UTC（大疆 / 慧飞无人机应用培训中心，无人机驾驶航空器系统操作手合格证）、无人机职业资格证书（中华人民共和国人力资源和社会保障部、工业和信息化部等国家职能部门颁发）。

目前，中国民用航空局已经开展了无人机驾驶员培训和考试工作。考生可以前往中国民用航空局指定的培训机构进行培训并完成培训课程，培训内容包括无人机的基础知识、飞行技巧、安全管理等方面。完成培训后，需要参加无人机驾驶员资格考试，考试内容包括理论考试和实操考试。如果考生通过考试，中国民用航空局会颁发无人机驾驶员资格证书，考生就可以合法地从事商业性质的无人机飞行活动了。

（二）飞行评审

根据中国民用航空局空管行业管理办公室2016年9月21日发布的《民用无人驾驶航空器系统空中交通管理办法》（MD-TM-2016-004），民用无人驾驶航空器仅允许在隔离空域内飞行。在本办法第二条规定的民用航空使用空域范围内开展民用无人驾驶航空器系统飞行活动，除了满足以下全部条件的情况，还应通过地区管理局评审。

（1）机场净空保护区以外。

（2）民用无人驾驶航空器最大起飞重量小于或等于7千克。

（3）在视距内飞行，且天气条件不影响持续可见无人驾驶航空器。

（4）在昼间飞行。

（5）飞行速度不大于120千米/小时。

（6）民用无人驾驶航空器符合适航管理相关要求。

（7）驾驶员符合相关资质要求。

（8）在进行飞行前驾驶员完成对民用无人驾驶航空器系统的检查。

（9）不得对飞行活动以外的其他方面造成影响，包括地面人员、设施、环境安全和社会治安等。

（10）运营人应确保其飞行活动持续符合以上条件。

民用无人驾驶航空器系统飞行活动需要评审时，由运营人会同空管单位提出使用空域，对空域内的运行安全进行评估并形成评估报告。地区管理局对评估报告进行审查或评审，出具结论意见。

在我国，任何未取得中国民用航空局许可的飞行都是不允许的。一些没有取得私人飞行驾照或者飞机没有取得合法身份的飞行，即未经登记的飞行，这种飞行有一定危险性，通常称之为“黑飞”。

（三）限飞区

众所周知，随着无人机的普及，人们越来越容易拥有一台无人机。但很多用户并不了解无人机的飞行规则和禁飞限制。对于没有严格遵守规定的人来说，无人机飞行往往会造成公共安全和私人财产的潜在危害。为此，政府和航空管理机构陆续出台了一系列限制无人机飞行的规定和条例，如2023年6月28日的《无人驾驶航空器飞行管理暂行条例》（中华人民共和国国务院、中华人民共和国中央军事委员会令第761号）。这些相关的法律法规将进一步规范无人驾驶航空器飞行以及有关活动，积极促进相关无人机产业持续健康发展，有力维护航空安全、公共安全、国家安全。

以大疆为例，他们也推出了一款名为“大疆无人机限飞区域地图”，可以在大疆官网进行在线查询，其中包括机场禁飞区、机场限飞区、地区军事设施区域等，涵盖了全国范围的禁飞限制区域。其中，机场禁飞区指将民用航空局定义的机场保护范围的坐标向外拓展100米形成的禁飞区。机场限飞区指在跑道两端终点向外延伸20千米、跑道两侧各延伸10千米，形成约20千米宽、40千米长的长方形，飞行高度限制在150米以下的区域。适用机型包括“晓”Spark、经纬M200系列、“御”Mavic系列、“悟”Inspire 2、精灵Phantom 4系列。

限飞地图并非一成不变，而需要及时更新，以便及时提供更加准确的信息，减少误区和风险。因此，无人机用户需要关注这个问题，以便及时调整计划，避免与规定相悖。同时还需要注意，地图中并不包括一些零散的限制区域，比如季节性禁飞区等，因此在使用无人机的时候还需要根据实际情况进行分析和判断。

三、航拍视频创作

（一）前期准备

1. 踩点

在开展航拍前可以到被摄物所在地进行踩点。踩点时主要观察的方面包括以下几点。

（1）拍摄地气象条件。结合天气预报，预判拍摄当天是否有雨、是否处于风口、是否有强风。如果天气不适合飞行，不能强行飞行拍摄。

（2）拍摄地卫星信号、图传信号。可携带无人机实地启动测试信号的有无、强弱。

（3）拍摄地空间、地形。观察拍摄地否有高山、树木、建筑等物体阻碍无人机飞行或阻隔图传信号。

（4）拍摄地人员活动情况。观察是否属于人员密集区，判断如涉及复杂飞行姿态、动作、线路是否有安全隐患。

2. 设备检查

每次飞行前都要做好设备的检查工作，务必做到细致周密，以防因硬件准备不充分影响飞行拍摄。检查包括（以Mavic 3 Pro为例）收纳包是否完整：无人机、电池（电量是否充足）、桨叶、大疆遥控器、充电管家、中性炭镜等配件。

3. 设计飞行线路

在踩点时要设计飞行线路。飞行线路的设计是航拍的重要环节。飞行线路的设计是否合理、完善，决定了正式拍摄时所拍到的画面是否按预先设想的光线、角度、内容、轨迹进行组合，达到预期要求。

案例：拍摄一期森林城市的宣传片，其中要设计一组人物在森林里行走的航拍画面。在进行此类人物行走动作的拍摄时，飞行线路可以根据景别、角度、运动路径等层面进行设计。

全景、飞行高度20米、运动路径：由后往前。此景别可以交代人物所处环境和行进方向。

中景、飞行高度 10 米、运动路径：由左往右跟随主人公。此景别可以表现主人公前往的目的地面貌。

近景、飞行高度 3 米、运动路径：水平环绕、以主人公为圆心由左至右或由右至左跟随。此景别可以表现主人公周围环境、身体动作、表情等细节。

为了方便拍摄，也可以利用表格制定飞行路线，如表 7-1 所示。

表 7-1　飞行路线表

森林城市宣传项目航拍飞行路线							
镜号	时间	画面内容	主体	景别	摄法	飞行高度	注意事项
1	上午	树林中散步的人物	人物	全景	运动路径：由后往前 下降角度：俯拍	20 米	注意树冠遮挡
2	上午	树林中散步的男士	人物	中景	运动路径：由左往右 角度：平视	10 米	注意树冠遮挡
3	清晨	人物动作	人物	近景	运动路径：水平环绕，以主人公为圆心由左至右或由右至左跟随 角度：平视	3 米左右	环绕注意避让周围的行人或物体，环绕半径距离人物要超过 3 米

案例展示

案例展示

扫描二维码，观看案例展示。

（二）无人机拍摄技巧

使用无人机航拍需要经过前期的模拟飞行、实操、驾驶资格考试等环节。不过仅仅有证，能把无人机飞起来，这还远远不够。首先，无人机驾驶员应具备一定的基础摄像知识，如光线运用、景别的区分、构图等。

1. 无人机飞行拍摄操控技巧

（1）前进飞行。在前进飞行时，无人机往前飞行并拍摄。前进飞行可以用来跟拍人物、车辆、轮船等运动主体的前进路线，也可以拍摄雕塑、建筑、树木、山川等静态主体。由远及近的前进飞行，可以更好地展现其面貌。

操作要领：遥控器左杆不动，右杆向前推。

实操提示：在进行航拍飞行操作的时候，无论是推杆还是拉杆的操作都应该保持相对匀速，以便后期剪辑的时候素材能顺畅播放，否则不规律的变速会影响素材的流畅度。

（2）后退飞行。在后退飞行时，无人机往后飞行并拍摄。后退飞行和前进飞行一样，可以用来跟拍人物、车辆、轮船等运动主体的运动路线，也可以拍摄雕塑、建筑、树木、山川等静态主体，由近及远地展现其面貌。

操作要领：遥控器左杆不动，右杆向后拉。

实操提示：后退前应观察好线路，是否有障碍物遮挡，保持无人机避障功能的开启。

（3）水平左右横移飞行。水平左右横移飞行是指无人机的飞行路线与摄像机光轴呈现 90 度夹角的飞行，类似在地面拍摄的横移镜头。它主要用来拍摄人物、车辆、轮船等运动主体的前进路线，并展现主体侧面及周围环境。

操作要领：遥控器左杆不动，右杆向左或向右推。

实操提示：进行水平左右横移操作时要注意提前观察好线路，是否有障碍物遮挡。无人机避障功能仅对后方有效，左右无效。

（4）上下飞行。上下飞行类似于升镜头和降镜头，一般用于拍摄人物、动物、车辆等运动主体的上下路线，展现其运动姿态及周围环境。

操作要领：遥控器右杆不动，左杆向前推为上升，向下拉为下降。

实操提示：进行上下飞行操作时要注意提前观察好线路，是否有障碍物遮挡。

（5）环绕飞行。环绕飞行俗称“刷锅”，即无人机围绕一个主体飞行，拍摄主体及其周围的场景。

操作要领：左摇杆水平向右推，右摇杆水平向左推，即为水平向左环绕飞行。左摇杆水平向左推，右摇杆水平向右推，即为水平向右环绕飞行。

实操提示：该运镜方式与水平左右横移类似，同样要注意提前观察好线路，是否有障碍物遮挡。

（6）前进上升飞行。无人机前进飞行并保持上升运动，一般可以用于跟拍人物、车辆、轮船等运动主体的前进路线后越过被摄主体，交代被摄主体更广阔的背景环境。在拍摄雕塑、建筑、树木、山川等静态主体时，由远及近并逐渐升高，展现其面貌。

操作要领：左右摇杆同时向前推杆为前进上升。

实操提示：与前面飞行一样，要保持推拉杆匀速，并注意观察障碍物。

（7）前进下降飞行。无人机前进飞行并保持下降运动。用这种飞行模式来跟拍运动主体时，镜头下降并靠近主体的过程可以更好地展现被摄主体，主体景别由小到大，具有强调说明的作用。

操作要领：左摇杆向后拉杆，右摇杆向前推杆。

实操提示：下降过程中，注意地面障碍物。

（8）后退上升飞行。后退上升飞行的过程中，被摄主体的景别越来越小，周围环境越来越多，可以起到结尾收尾的镜头语言效果。在拍摄雕塑、建筑、树木、山川等静态主体时，由近及远，凸显背景的宏大、完整。

操作要领：左摇杆向前推杆，右摇杆向后拉杆。

实操提示：注意后退时，无人机不要离开视距，以免撞到障碍物。

（9）后退下降飞行。飞机后退并下降飞行，一般用于拍摄运动主体的正面。在下降过程中，被摄主体的景别越来越大。后退下降镜头可以制造悬念感，例如从较为空旷的空中下降到地面的过程中，被摄主体会逐渐出现在镜头前，起到解开悬念的作用。

操作要领：左右摇杆同时向后拉杆为后退下降。

实操提示：要注意与运动主体相配合，下降时要与运动主体保持一定距离，避免发生碰撞。

（10）向左（右）平移上升飞行。向左（右）平移上升飞行一般用于跟随人物、车辆、轮船等运动主体的左（右）移动路线后越过被摄主体，交代被摄主体更广阔的背景环境。在拍摄雕塑、建筑、树木、山川等静态主体时，由左（右）至右（左）并逐渐升高，展现其面貌。

操作要领：右摇杆不动，左摇杆向左（右）上 45 度推杆。

实操提示：在拍摄此类画面时，无人机在上升过程看不到障碍物，因此飞行前一定要设计好飞行线路，并确保无人机在飞行中不离开视线。

（11）向左（右）平移下降飞行。采用左（右）平移下降飞行时，背景为山川、建筑等高大物体，前景为人物、动物、车辆等运动主体，下降过程中逐渐跟随被摄主体。此镜头可以具有落地、结尾的镜头语言效果，一般可以用作视频的结尾镜头。

操作要领：右摇杆不动，左摇杆向左（右）下 45 度拉杆。

实操提示：下降飞行速度必须与被摄运动主体保持一定安全距离，下降过程注意避让地面障碍物。

（12）旋转垂直上升飞行。旋转垂直上升飞行用于拍摄相对固定的人物、动物、车辆、雕塑、建筑、树木、山川等静态主体，画面呈现顺（逆）时针旋转上升。

操作要领：拨动滚轮（或使用快捷键），使镜头垂直向下，右摇杆不动，左摇杆向左（右）上 45 度推杆。

实操提示：推杆时应尽量缓和，避免无人机旋转过快，造成画面观感眩晕。

（13）旋转垂直下降飞行。此镜头拍摄相对固定的人物、动物、车辆、雕塑、建筑、树木、山川等静态主体，画面呈现顺（逆）时针旋转下降

操作要领：拨动滚轮（或使用快捷键），使镜头垂直向下，右摇杆不动，左摇杆向左（右）下 45 度拉杆。

实操提示：推杆时应尽量缓和，避免无人机旋转过快，造成画面观感眩晕。

（14）综合性飞行。在航拍时，被摄主体的运动多样性、环境的多样性决定了飞行路径的多样性。必要时，可以将多种飞行模式结合进行拍摄，例如一个画面里出现前进、上升、螺旋、平移等多种运动飞行模式的结合。另外，无人机的镜头也可以通过滚轮控制进行上下摇动，完成“抬头”或“低头”的视角变化，从而得到更多样的画面。例如，前进上升过程中拨动滚轮“低头”，可以获得类似鸟类飞行时俯瞰大地的视角。前进下降过程中拨动滚轮“抬头”，可以体现被摄主体宏伟壮观的效果。

知识拓展

滑动变焦：滑动变焦也叫“希区柯克变焦”，是一种画面中主体大小不变，背景透视关系发生较大改变，从而呈现出背景远离或靠近主体的视觉效果的摄影手法。右摇杆向后拉（向前推），同时拨动遥控器变焦拨轮，实现镜头向前推（向后拉）的效果。

延时摄像：延时摄影（Time-lapse photography）又称缩时摄像，这是一种将时间浓缩在视频中快速播放的摄像手法。无人机航拍同样可以拍摄出时间压缩、时光快速流逝的效果。延时摄像计算公式：拍摄图片间隔时间 = 现实时间长度 ×60/ 视频所需秒数 × 视频帧速率。比如用 5 秒钟的 25FPS 帧速率的视频表现 10 分钟的场景，则需要将拍摄间隔设置为每隔 4.8 秒拍摄一张。建议选择移动较快的物体作为画面主题内容进行拍摄（如车流、水流、行人、移动较快的云）。

无人机航拍器都具备间隔拍摄的功能，无人机在空中悬停时可以使用定时间隔拍摄的功能拍摄一段空中定点的延时摄像素材。除了定点拍摄，移动延时摄像（Hyperlapse）也是一种比较具有视觉冲击力的延时摄像拍摄手法，这种延时摄像类型可以表现时间与空间的快速变化。使用大疆系列无人机的“指点飞行”“兴趣点环绕飞行”“航点飞行”等智能飞行功能，可以帮助拍摄者以最轻松的方式获得理想的拍摄效果。值得注意的是，即便是智能飞行期间，拍摄者也要时刻保持对监视屏的观察与遥控器的控制，如遇到突发情况时应及时调整无人机的飞行状态。

另外，还可以利用无人机的“航点记录”功能，拍摄制作同一主体的日夜更替效果。具体步骤如下。

（1）设置好拍摄参数和定时拍摄模式，记录落日前大约半个小时的场景。首先选择智能飞行模式中的“航点记录”功能。

（2）设置无人机开始拍摄的位置与结束拍摄的位置，并单击“完成”。

（3）单击“立即执行”，无人机航拍器将自动回到起始位置进行拍摄，即可得到一系列的图片素材。另外，还应该单击界面右上方的“收藏”按钮，以便此次飞行的航线在天黑后再利用。

（4）设置好拍摄参数以及定时拍摄模式，用“航点记录”功能进行第二次拍摄，记录天黑后的场景。打开“航点记录”中的“任务收藏夹”，选择天黑前收藏的航线后单击“立即执行”。

（5）无人机会自动到达航线起始位置进行拍摄，最终得到一系列的图片素材。注意此时的云台俯仰角度应尽量做到与日间素材拍摄时一致，这样才能更有利于两段视频的后期制作合成。另外，此处也需要根据飞行实际情况和所需素材来设置合理的飞行速度。

2. 无人机航拍构图

(1) 九宫格。九宫格构图是最常见、最基本的摄像构图方法。九宫格构图即由四条线把画面分成九个小块，四条线的交点是线条的黄金分割点，被摄主体放在九宫格交叉点的位置上（图 7-3）。九宫格构图比较符合人们的视觉习惯，使主体自然地成为视觉中心，具有突出主体，并使画面趋向均衡的特点。航拍中大多素材拍摄时使用九宫格构图比较适用。

图 7-3　九宫格构图

（2）对称构图。对称构图即按照一定的对称轴或对称中心，使画面中的景物形成轴对称或者中心对称，从而形成左右呼应或上下呼应，使画面中的空间比较宽阔（图 7-4）。其中画面的一部分是主体，另一部分是陪体。航拍中对称构图适用于运动、风景、建筑等场景的拍摄。

图 7-4　对称构图

（3）三分法构图。三分法构图是把画面横竖分成三等份的构图方法。例如拍摄风景的时候选择 1/3 放置天空或者 1/3 放置地面都是风景摄像师常用的构图方法（图 7-5）。航拍中三分法构图适用于自然景观、层次分明的素材的拍摄。1∶2 的画面比例可以重点地突出需要强化的部分。

图 7-5　三分法构图

（4）二分法构图。二分法构图将画面分成相等的两部分，容易营造出宏大的气势。风景照中，一半天空一半地面，两部分的内容显得沉稳和谐。二分法构图如图 7-6 所示。

图 7-6　二分法构图

（5）中心构图。中心构图是主体处于中心位置，四周景物呈朝中心集中的构图形式。中心构图能将视线强烈地引向主体中心，起到聚集的作用（图 7-7），并具有突出主体的鲜明特点。航拍中的中心构图适用于建筑拍摄。

图 7-7　中心构图

（6）平行线构图。平行线构图指的是用水平伸展的直线的构图方式，能创造出宽阔、稳定、和谐的感觉。尤其是自然界的重复元素可以更好地烘托主题（图 7-8）。一般来说，要尽量避免将水平线放在画面中央，以免将画面切成相等的两部分，这样容易使画面缺乏变化而显得呆板。

图 7-8　平行线构图

（7）棋盘式构图。棋盘式构图是一种适合多个被摄主体的构图方式。这种构图方式需要将场景想象成一个棋盘，而被摄主体就是棋盘上的棋子（图 7-9）。设置画面的时候，让这些棋子在画面中呈现出星罗棋布的状态，这种排列可以产生一种错落有致的感觉。

当拍摄者可以主动调整被摄主体的位置时，尽量让被摄体稍稍错开，排列不要过于整齐以免画面显得呆板。

图 7-9　棋盘式构图

（8）消失点构图。因为视觉透视关系，同样大小的物品也会呈现“近大远小”的效果。如果有人站在河岸上，会发现这条河越来越窄，直到在远方汇聚成一个点，这个点就叫消失点（图 7-10）。多选择有消失点的画面进行构图不但可以让画面更具冲击力，而且平行线会引导观看照片的人将视线移至消失点，使得画面的空间感更强一些。

图 7-10　消失点构图

（9）S 形构图。S 形构图是指物体以“S”的形状从前景向中景和后景延伸，画面构成纵深方向的空间关系，一般以河流、道路、铁轨等物体最为常见（图 7-11）。这种构图方式的特点是画面比较生动，富有空间感。

图 7-11 S 形构图

（10）V 字形构图。V 字形构图是最富有变化的一种构图方法，其构图的用意与 S 形构图相同，可以有效增加画面的空间感，同时让画面得到了更为有趣的分割（图 7-12）。不同的是曲线换成了直线，画面变得有棱有角。直线条更容易分割画面，让画面中各个元素之间的关系变得微妙起来。

图 7-12 V 字形构图

（三）无人机航拍视频剪辑技巧

航拍视频一般都是运动镜头居多，其景别也比一般摄像机拍摄的画面景别更大，角度多以俯拍为主。要想剪辑出流畅、丰富、节奏感强的航拍视频，可以从以下几个方面考虑。

1. 两级镜头组合

两级镜头是指把远景和特写等两种景别大小差异明显的镜头进行组接。一大一小的画面进行结合，可以创造出更强的视角冲击，形成强烈的节奏感。例如在拍摄一个雕塑时，通过全景（雕塑及周围环境）和特写（雕塑的局部特写）的镜头组合，可以形成强烈的视觉冲击和戏剧效果。

2. 快慢镜头结合

在一段“一镜到底”的飞行过程中，如果拍摄主体不变，可以把其中某段飞行速度通过后期软件进行提速，形成飞行速度的慢、快、慢的变化，改变画面节奏，让整个飞行过程更具趣味性，同时能压缩画面时间，但传递内容信息没有减少。

3. 三段式跳切

按照“全景 + 中景 + 特写”的镜头跳切，这是航拍某一主体时最常用的剪辑方式。层层递进的景别符合人们的观影习惯，能达到循序渐进的叙事效果。

4. 巧用音效、字幕

无人机航拍可以配合音乐等音效，根据音乐节奏的变化来剪辑，达到声画同步的效果，让视频更协调，节奏感更强。另外，在画面中，使用字幕可以起到解释、补充说明的作用。

课中自测

1. 无人机航拍有什么特点？
2. 使用无人机航拍需要具备什么资质？
3. 什么情况下不适合飞行？
4. 拍摄雕塑时，适合采用哪种飞行拍摄技巧？
5. 无人机镜头可以采用静态与动态结合的组接方式吗？

项目实施

通过拍摄制作航拍视频，使学生理解、运用航拍景别、构图、运镜等知识。

航拍视频项目实施列表

<table>
<tr><td colspan="5">项目名称：</td></tr>
<tr><td>组长：</td><td>副组长：</td><td>成员：</td><td>成员：</td><td>成员：</td></tr>
<tr><td colspan="5">实施步骤</td></tr>
<tr><td>序号</td><td colspan="2">内容</td><td>完成时间</td><td>负责人</td></tr>
<tr><td>1</td><td colspan="2">制定拍摄方案</td><td></td><td></td></tr>
</table>

续表

序号	内容	完成时间	负责人
2	设计飞行路线		
3	选定摄像人员		
4	租借摄像器材		
5	组织道具、服装设计和化妆等		
6	后期包装		
实操要点			
1	起飞前，检查无人机设备，飞行环境、天气因素，确保可以安全起降。制定飞行路线，设计飞行方式、镜头等		
2	进行实拍，小组成员可轮流进行飞行拍摄操作，其他成员在其飞行时可承担线路观测，场记，导演等工作，确保飞行安全，有效		
3	后期剪辑时，巧妙利用字幕和音效，体现出航拍视频的特点		

作品展示

以小组为单位，上台分享创作心得，在课堂上进行作品展示。教师点评，学生互评，并利用课后时间修改作品，提升专业技能。

项目评价

航拍视频项目评价表

项目名称：

评价项目	评价因素	满分	自评分	教师评分
航拍内容	主题鲜明	10		
	内容丰富、角度新颖	10		
摄像	熟练掌握无人机控制技巧，飞行平稳、流畅，飞行过程无发生碰撞意外	30		
	画面稳定，飞行拍摄技巧运用得当，构图合理、景别丰富、运镜生动	30		
后期编辑	视频流畅、节奏感强	10		
	合理运用字幕、音效	10		

续表

评价项目	评价因素	满分	自评分	教师评分
总分				
综合评分：自评分（50%）+ 教师评分（50%）				

项目完成情况分析	
优点	缺点

整改措施

项目 8 新媒体视频发布与运营

项目导读

本项目旨在培养学生新媒体视频账号的创建与运营能力。学习本项目后，学生能够根据各视频平台的特点选择适当的平台创建账号，熟练掌握账号的命名技巧，懂得根据视频账号的内容题材和风格选择合适的视频表现形式，知道发布视频时要选择合适的时机，并懂得利用各种方法为视频与账号引流。账号创建后学生也要有粉丝管理意识，懂得运用即时通信工具与粉丝开展沟通联系，了解视频账号的基本变现办法，有内容变现的意识。

学习目标

1．新媒体视频发布平台与特点。

2．新媒体视频账号的创建与管理。

3．新媒体视频内容发布与运营。

项目要求

1．选择一个视频平台创建一个视频账号，并完成昵称命名、头像上传、填写账号说明等操作。

2．为账号制定内容策略，包括题材、内容风格、内容形式与更新周期。

3．按照内容策略发布 8 条视频，利用引流策略为每条视频获取 500 人次播放、50 个赞和 20 条评论。

4．利用引流策略为新建账号积累 200 个粉丝，并尝试建立粉丝群。

5．为账号申请加入创作者扶持计划，尝试获得平台分成。

知识链接

一、新媒体视频的基本概念与分类

（一）新媒体视频

每当一种全新的传播工具产生，都会催生一种新媒体。广播诞生后，新生的广播电台相对于报刊是新媒体；电视诞生后，电视台相对于广播电台是新媒体；互联网诞生后，互联网中争相出现的自媒体相对于电视台又是一种新媒体。由于传播手段的迭代速度越来越快，新媒体的定义随之也越来越模糊。

目前普遍认同的一种新媒体定义：新媒体是利用数字技术进行编码，通过互联网、卫星等工具传播数字信号，最终以计算机、手机、平板电脑、数字电视机等多媒体数字终端呈现内容的信息分发平台。在这些信息分发平台中流通的视频都属于新媒体视频。

（二）新媒体视频的分类

1. 按时长分类

新媒体视频按照视频的时长可以分为长视频和短视频。

（1）长视频。目前业界通常认为超过 30 分钟的视频为长视频。此类视频内容一般为影视剧、纪录片、动漫、节目、会议等内容详细、细节丰富、制作精良、制作成本较高的视频。但随着社会节奏加快、信息碎片化程度加剧、短视频平台兴起等因素，部分学者及业内人士认为视频时长达到 10 分钟即可归类为长视频，大众呈现出对长视频的时长认定标准越来越低的趋势。长视频平台“爱奇艺”与长视频纪录片如图 8-1 所示。

图 8-1　长视频平台“爱奇艺”与长视频纪录片

（2）短视频。按照业界通常认为时长超过 30 分钟的视频为长视频的标准来判断，短于 30 分钟的视频即为短视频。但随着大众对长视频的时长认定标准越来越低，现如今 10 分钟以内的视频才能称之为真正意义上的短视频。

短视频的内容较为精简，制作难度和成本低，比较受自媒体追捧。短视频的时长短，内容集中，适应了短平快的移动互联网传播特性，也适应了碎片化信息时代的观看特性，更受互联网用户的青睐。

2. *按分发方式分类*

新媒体视频按照视频的分发模式还可以分为点播式视频和信息流视频。

（1）点播式视频。点播式分发是传统视频网站的分发模式，也是目前应用最为广泛的视频分发模式（图 8-2）。在该模式下，用户进入视频网站页面或 App 页面后，网站会将视频以橱窗窗格的形式向用户进行展示，用户可以根据自己的兴趣自主选择观看视频。该模式下的用户拥有较大的自主性，视频网站为提高视频点击率与观看量，只能通过推荐与反复出现的方式引导用户点击，无法强制用户观看指定的视频。

图 8-2　点播式视频分发界面

（2）信息流视频。信息流分发是近年兴起的视频分发模式，多运用于短视频平台。该分发模式下，用户无需主动选择观看的视频，视频平台利用机器算法，将视频热度高及符合用户观看偏好的视频直接在用户界面进行播放，用户被动接受平台编排好的视频内容。如若用户对平台推送的视频不感兴趣，可以通过滑动操作快速关闭并播放下一个视频，或选择“不感兴趣”选项向平台反馈。由于视频的编排没有尽头，像流水一样一个接一个向用户推送并播放，因此被称为视频流或信息流视频。

随着用户观看视频数量的增加及偏好反馈次数的增多，系统算法越来越熟悉用户的观看习惯，推送的视频也会越来越精准。在这一模式下，用户被动接受平台推送的内容，失去了内容选择的自主性。但也因这一机制省却了用户在信息海洋中漫无边际的选择过程，迎合了快节奏、碎片化的信息获取方式，加之算法推送下的内容极具个性化和针对性，用户更容易在这一模式下对内容产生成瘾感。

3. 按内容分类

新媒体视频还可以根据具体内容进行大致分类。但随着互联网与居民生活及劳动生产的结合度越来越紧密，新媒体视频的内容百花齐放，各类视频的内容与形式相互交织与重叠，按内容分类的方式无法完全界定日新月异的新媒体视频，因此本书仅从当前新媒体视频中常见的几种内容形式进行归类。

（1）纪实类。以记录真实存在的事件、人物、场景等现场影像为主要内容的新媒体视频为纪实类新媒体视频，主要形式包括新闻、纪录片、人物访谈、游记等。

（2）剧情类。以虚构的人物、情节和场景拍摄出的具有故事性的视频为剧情类视频，主要形式包括影视剧、微电影、情景剧、小品剧等。

（3）展示类。以向他人公开展示某个具体的人、事、物、技能等为目的，但没有广告性质的视频通常为展示类视频。例如才艺展示、身材外貌展示、宠物展示、生活状态展示等。

（4）科普类。以普及特定的知识、技能、观念等为目的的视频为科普类视频。这类视频通常包含正面科普与反面辟谣两种形式。正面科普是在公众对某个知识、技能或观念没有认知基础的情况下，利用视频向公众正面普及这一知识的过程。当社会存在谣言、误解或与事实不符的负面信息时，通过证伪的方式来反驳、澄清或解释的视频则为反面辟谣类科普视频。

（5）广告类。与传统广告类似，新媒体广告类视频通常也分为商业广告视频和公益广告视频两种形式。新媒体商业广告视频是通过推广品牌、产品、服务、技术等信息实现营利的视频。这类视频在新媒体环境下通常以传统硬广、软性植入、“种草”带货等形式呈现。新媒体公益广告与传统公益广告类似，不以营利为目的，而是通过宣导正向的道德观念、好人好事，或抨击不良风气、破除谣言等形式，营造良好社会风气或改善自然环境。

二、新媒体视频的行业现状

据中国互联网络信息中心 2024 年 8 月 29 日发布的《第 54 次中国互联网络发展状况统计报告》数据显示，截至 2024 年 6 月，我国网络视频用户规模达 10.68 亿人，与 2023 年 12 月时的情况相比，增长了 125 万人，占网民整体数量的 97.1%。其中，短视频用户规模达 10.50 亿人，占网民整体数量的 95.5%；微短剧用户规模达 5.76 亿人，占网民整体数量的 52.4%。

三、新媒体视频平台介绍

（一）长视频平台

当前主流的长视频平台包括爱奇艺、优酷、腾讯、芒果 TV、哔哩哔哩、西瓜视频、好看视频等。该类长视频平台通常采用点播式分发，视频画面多为横版。其中，爱奇艺、优酷、腾讯视频和芒果 TV 作为占据大量影视剧、电影、动漫和综艺节目正版授权的视频平台，收看偏好和受众黏性主要来自观众对专业制作的影视作品与节目的喜爱。

（1）爱奇艺。爱奇艺平台于 2010 年 4 月 22 日正式上线，现已构建了包含短视频、游戏、移动直播、动漫、小说、IP 潮品、线下娱乐等业务在内、连接人与服务的娱乐内容生态体系。爱奇艺的视频创作平台名为“爱奇艺 iQ 号”（图 8-3）。平台将创作者按内容类型分为自媒体、电影、网络剧、微短剧等 12 个大类。创作者入驻后能享受内容收益分账、版权保护等权益。

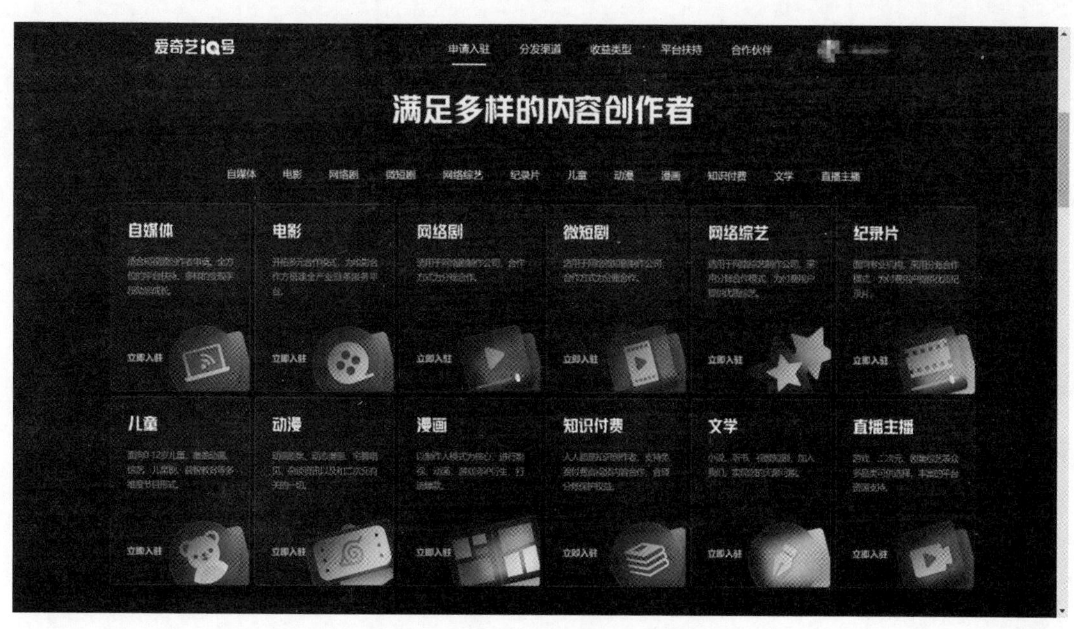

图 8-3　爱奇艺 iQ 号创作者界面

（2）哔哩哔哩。哔哩哔哩又称“B 站”。相较于掌握大量内容版权授权的其他长视频平台，B 站的内容主要由创作者自主上传。B 站的内容创作者被称为“UP 主”，创作内容涵盖生活、游戏、时尚、知识、音乐等数千个品类和圈层。围绕用户、创作者和内容，B 站构建了一个能保持内容持续产出的生态系统。在“UP 主起航计划”等创作激励机制的刺激下，越来越多的内容创作者参与到 B 站的内容创作中，并获得收益。哔哩哔哩创作者中心界面如图 8-4 所示。

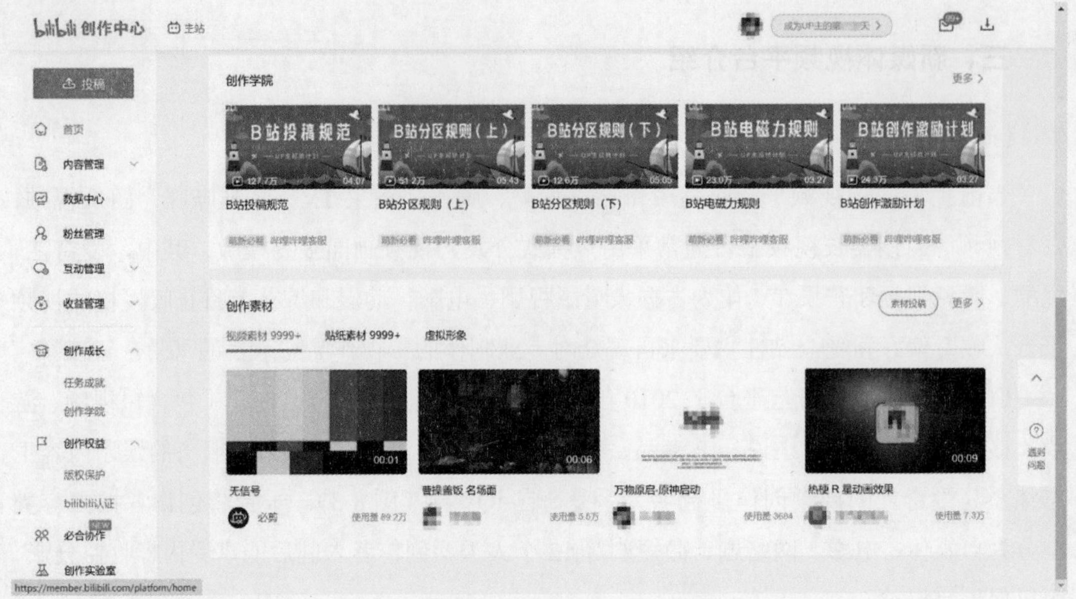

图 8-4　哔哩哔哩创作者中心界面

（二）短视频平台

当前主流的短视频平台包括抖音、快手、微信视频号、火山小视频、抖音火山版等，其中以抖音和快手的用户量最高。该类短视频平台大多采用算法推荐与视频流的分发模式，视频通常采用竖版的呈现结构，内容大多来自用户自主上传。

（1）抖音。抖音由字节跳动开发与孵化，于 2016 年 9 月正式上线，是一个面向全年龄的短视频社交平台。截至 2023 年底，抖音的用户数量已经超过了 9.8 亿，日活跃用户数超过 7 亿，日搜索量超过 5 亿，是全球最受欢迎的短视频社交平台之一。用户拍摄 60 秒以内的短视频并上传发布后，平台通过机器算法和数据挖掘，视频将被精准地推送给目标受众，实现内容的有效呈现。创作者可通过后台数据了解运营情况，如图 8-5 所示。

（2）微信视频号。微信视频号于 2020 年 1 月上线内测，是一款内置于微信的短视频平台，入口在微信“发现”页内“朋友圈”入口的下方。经过版本迭代，微信视频号现已支持发布不超过 120 分钟的长视频。微信视频号除了拥有常规的机器算法和标签推荐的分发逻辑外，与其他信息流短视频平台的最大的区别是基于微信熟人兴趣圈的“好友喜欢”推荐机制。微信好友在点赞了视频后，用户视频号中“朋友 ♡”一栏会集中显示受到好友点赞的视频，用户能通过这一功能了解并参与好友关注并热议的视频，形成熟人视频社交圈。创作者可通过后台数据了解运营情况，如图 8-6 所示。

图 8-5 抖音创作者中心界面

图 8-6 微信视频号创作者中心界面

（三）新媒体视频平台对内容创作的扶持计划

优质且不断更新的视频内容是新媒体视频平台能长久稳定发展的重要基础资源。优质且高产的视频内容创作者始终是各大新媒体视频平台争相抢夺的对象。为获得更多视频创作者入驻，刺激更多优质视频内容的发布，各大视频平台均根据平台自身的需求和特点推出了视频创作激励机制。

1. 抖音创作者广告分成计划

抖音创作者广告分成计划是由抖音官方推出的助力创作者创作变现的激励计划。参与该计划的抖音账号需满足的条件是粉丝人数超过 1 万，近 30 天播放量大于 5 万，账号符合社区规范的实名用户（图 8-7）。创作者在抖音搜索话题“抖音创作者广告分成计划”并申请加入成功后，创作者就可以开放个人页广告位，平台将自动匹配广告至创作者个人页。抖音用户连续浏览主页作品，创作者就能与平台共享广告收益。

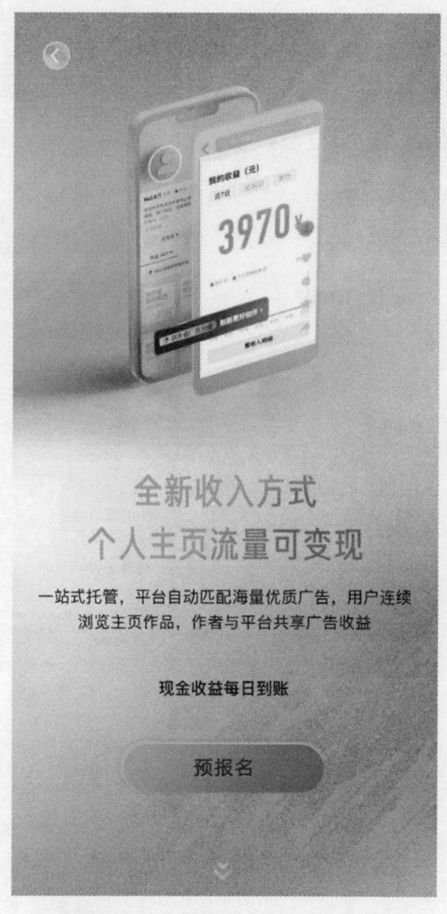

图 8-7　抖音创作者广告分成计划

2. B 站创作激励计划

B 站创作激励计划是 B 站平台面向个人 UP 主推出的扶持政策，电磁力等级 LV3 且信用分不低于 80 分的 UP 主即可申请加入（图 8-8）。创作激励的收益由基础补贴和活动补贴两部分组成。基础补贴数额由 UP 主加入激励计划后，账号新发布的自制稿件播放数据的表现决定。活动补贴则是由 UP 主参与各类活动玩法获得，例如“爆款小目标”“涨粉攻擂赛”“UP 主试炼场”等。平台对参与激励计划的稿件的要求是必须为自制作品，且不属于商业推广稿件，同时稿件在 B 站上的发布时间不晚于其他平台。而番剧区、放映厅、付费内容的视频稿件暂不享有创作激励计划的收益。

3. 快手光合计划

光合计划是快手官方为站内优质潜力创作者提供的激励计划，为创作者提供了定制化的任务与丰厚的奖励。创作者完成任务后就能参与奖金瓜分、获得流量支持。光合计划与其他平台的激励计划的主要区别在于采用任务式的奖励获取机制，只要完成平台发布的相应任务，就能获得不同额度的奖励现金。除光合计划外，快手官方还推出了“星火计划”等内容变现扶持计划。光合计划助手页面如图 8-9 所示。

图 8-8　哔哩哔哩创作激励计划

图 8-9　光合计划助手页面

4. 微信视频号创作者激励计划

2021 年微信视频号推出创作者激励计划（图 8-10）。该计划面向个人、政务媒体账号、MCN 机构等行业合作伙伴，这些合作伙伴都有机会获得流量扶持和内容变现。视频号平台将持续投入流量扶持 1000 万原创视频创作者，帮助优秀原创视频创作者通过优质视频奖励、MCN 榜单奖励、版权采买、内容定制、互选平台、直播带货、直播打赏等形式实现内容变现，帮助不同阶段的创作者享受对应的权益。

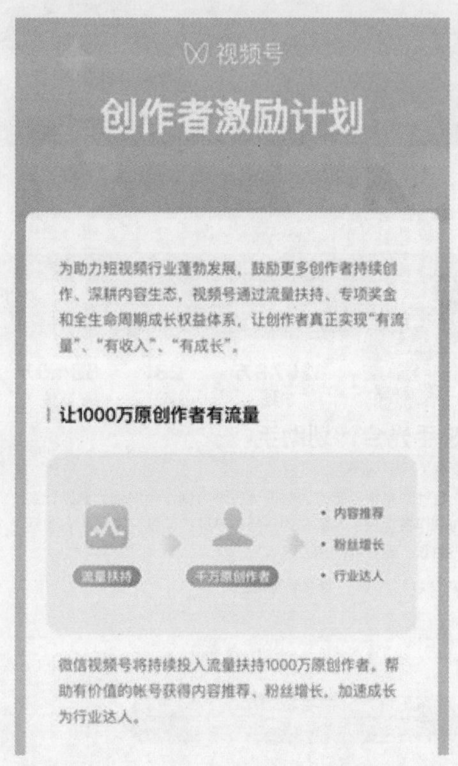

图 8-10　微信视频号创作者激励计划

四、新媒体视频账号建立

（一）账号定位

账号的定位能在很大程度上影响账号建立后的运营方向、运营效果及收益情况。因此，账号创建前以及运营过程中，都应当找准并明确账号的定位。明确账号的定位通常是一个综合考量的过程，一般会从以下几个主要方面进行考虑。

1. 账号性质

新媒体视频账号的账号性质通常由账号的运营目的来决定。新媒体视频账号最基本的两种性质包括商业账号和非商业账号。商业账号的创建目的最终都是为了营利，实现营利的手段丰富多样，包括广告收益、带货佣金、版权收益、视频打赏等。而非营利性账号的创建目的就各不相同了，包括公益宣传、个人展示、内容分享、兴趣爱好等，只要最终不涉及商业营利的账号都属于非商业性账号。

2. 目标客群

新媒体视频账号的目标客群同样由运营目的决定。通常情况下，商业性账号的目标客群比非商业账号的目标客群更明确、更细分。例如，在商业营利目的的指导下，商业性账号会选择与计划推广的商品、服务或经营项目的客群相匹配的平台创建账号，并拍摄与投放能够吸引目标客群的视频内容。而非商业账号的运营目的五花八门，对应的目标客群就不会一成不变。以公益宣传或科普辟谣为目的的非商业账号的目标客群是计划影响或改变观念的人群；以内容或技术分享为目的的账号的目标客群是对相关内容或技术感兴趣的人群；而纯粹的个人展示账号则因运营目的为兴趣爱好或个人娱乐，目标客群相对模糊，一般为全网所有用户。

3. 内容形式

新媒体视频账号的视频内容与形式由运营目的、运营阶段和目标客群等多个因素综合决定，不是一成不变的。但是在账号创立阶段，视频内容与形式就应当根据账号的发展方向明确规划。账号培育初期通常以扩大关注、吸纳粉丝为目标，该阶段的视频内容应偏向于趣味性强、易于二次传播的内容，时长与节奏建议简短紧凑。

4. 平台选择

新媒体视频账号的创立平台主要由目标客群决定。不同的视频平台的用户属性和观看习惯存在较大差异。以版权内容为主要资源的视频平台用户与算法视频流平台的用户就存在着巨大的差异，哔哩哔哩等以泛二次元娱乐圈层文化为用户基础的平台跟其他视频平台也有着用户差异。在选择创建账号的平台时，应当充分了解各大视频平台的用户画像及使用习惯，再选择与目标客群相近的平台创建账户。

（二）账号创建技巧

1. 昵称

通常新媒体视频平台都会要求用户在注册时为账号命名昵称，用于表明账号身份并建立账号唯一性。账号昵称通常由汉字、阿拉伯数字、通用字符组合而成，少数平台还支持表情符号。

除了视频内容，新媒体视频账号的昵称是最需要也最容易让用户记住与传播的标志符号。账号昵称的命名方式多样，是彰显账号个性的方式之一。除了商业性账号通常直接以品牌、产品、服务项目、产地为账号昵称外，自媒体的账号昵称无固定命名规则，但应当遵循字数精简、核心词汇突出、适当个性化、易于理解记忆、便于传播等命名逻辑。

2. 头像

账号头像是表明账号身份、彰显账号个性、辅助账号记忆与传播的第二个窗口。账号头像通常会与账号昵称或账号 ID 同时出现，并显示在账号信息页、账号作品主页、排行榜单等需要展示账号身份的位置。

由于账号头像属于图片，可以承载比昵称更丰富、更视觉化的信息内容，账号头像更具定制化意义。除了常规商业账号会直接使用品牌商标、产品图片、广告语为头像，自媒体用户和个人用户可以选择照片、符号、卡通、表情等内容形式作为头像，但不允许使用违反法律法规和平台信息发布规则的图片。

3. 账号说明

除了最基本的昵称和头像外，账号说明也是账号信息的一个重要组成部分。账号说明通常会显示在个人首页或个人信息页中。虽然账号说明的必要性低于昵称和头像，在一般情况下可以省略。但为更准确、及时地传达账号信息，例如账号身份、账号建立目的、直播时间、联系方式等，账号运营者通常都会设置账号说明。

4. 账号界面包装

为丰富账号运营者的使用体验，满足部分用户的个性化需求，一些新媒体视频平台推出了账号界面包装的功能，可以让用户自行更换和编辑部分个人主页的装饰和排版方式。例如，哔哩哔哩的个人主页背景头图允许用户自行更换（图 8-11），并且在平台提供的背景素材中可以免费选择想要更换的图片。但如果需要自定义背景头图则需付费开通哔哩哔哩大会员功能。

图 8-11　哔哩哔哩个人主页头图更换功能

五、新媒体视频运营

（一）视频发布技巧

1. 视频时长

视频时长会极大影响视频的完播率，视频越长，视频的完播率可能就越低。因此视频的时长要根据平台的特性及账号自身粉丝的观看习惯进行适当调整。

横版点播式视频平台的用户因习惯于平台视频时长普遍较长的观看惯性，对视频的时长有更高的接受度。在自主点播的分发模式下，用户观看行为发生的前提大多是被标题或视频封面展现的内容吸引而来，在这一前提下中途退出观看的概率相对较低，视频完播率更有保障。在点播式视频平台发布的视频可以降低对视频时长的敏感度，发挥内容质量的优势，时长通常建议控制在 5 ～ 7 分钟。竖版信息流视频平台的用户则对视频时长的敏感度更高，更倾向时长小于 2 分钟的短视频。

2. 视频分区、标签与话题

（1）分区与标签。部分视频平台会建议或要求发布者在发布话题时对视频进行分区归类和标签定制，以此将视频更准确地投放给感兴趣的粉丝，从而获取更高的观看量和更好的传播效果。

分区通常以内容大类或受众人群进行划分，例如爱奇艺的分区包括综艺、儿童、动漫、游戏、纪录片等；哔哩哔哩的分区包括番剧、电影、国创、动画、鬼畜、音乐、舞蹈等。哔哩哔哩视频分区功能如图 8-12 所示。

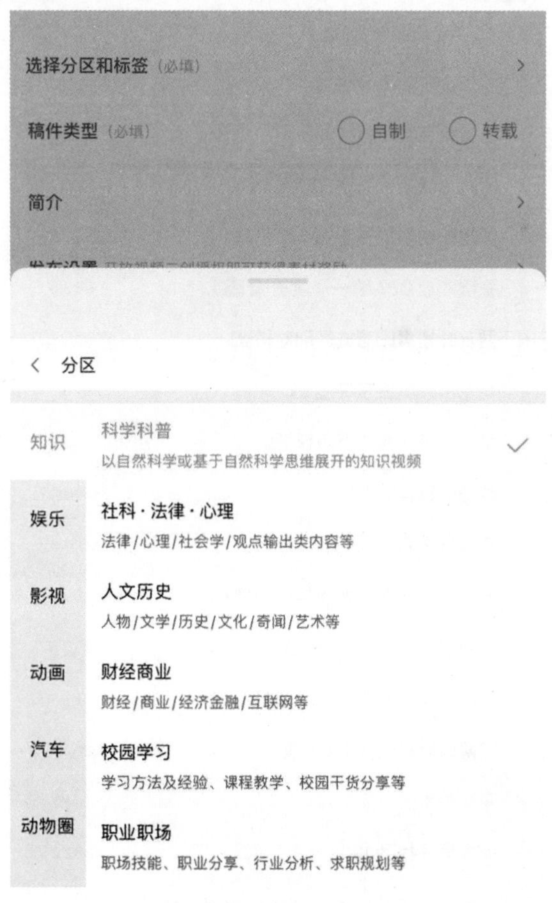

图 8-12　哔哩哔哩视频分区功能

标签通常是对视频内容或视频要素的提取，例如，以故宫传说为内容的视频可以以“故宫”“故宫秘事”等内容为标签，系统借助标签功能将视频进行分类，并在用户搜索相关关键词时推荐和展示符合相关标签的视频，同时还会按照标签将视频推荐给有相关兴趣的用户。

（2）话题。与标签以分类为主要功能不同，视频发布时用户可以通过添加话题参与热门话题的讨论。系统会将视频添加到该话题下的讨论页面内，成为这一话题中的一次讨论，并吸引关注该话题的用户。但与代表具体人物、事物或地点的标签不同，话题并非都是客观存在的独立事物，可能是观点、意见或社会现象，因此添加话题并不代表对视频内容和视频元素进行了归类。抖音话题热搜榜如图 8-13 所示。

图 8-13 抖音话题热搜榜

3. 视频发布时间

虽然没有证据直接证明视频发布时间与视频的传播效果之间有必然联系，但众多经验表明，合适的发布时间能一定程度上影响视频的观看数据。例如，通常认为早上7—9点为大众起床至上班前的时段，该时段大多数用户属于晨间通勤时段，会利用上班时间观看视频；中午11—13点为午餐时段，该时段大众开始集中进餐并午休，会有大量用户开始观看视频获得放松；傍晚17—19点为下班通勤与晚餐时段，该时段大众会乘坐交通工具下班及享用晚餐，会有大量用户选择观看视频获得消遣；晚上22—0点为大众结束一天的工作和生活的睡前时间，会有大量用户在睡前观看视频。选择在以上几个时段发布视频可能更容易被粉丝注意并观看。

（二）核心数据指标

衡量和评判视频的传播效果可以从多个客观数据指标来判断。如今各大视频平台都开发了相对丰富和完整的视频数据系统，视频运营者可以通过账号后台显示的数据报表初步评判每条视频的基本传播效果，以下是几种常见的观看指标与反馈指标。

1. 观看指标

（1）播放量。播放量是指视频获得用户播放的次数，是最基本的播放效果指标。通常播放量的计算以人次来统计，用户每发起一次播放就计算1次播放量。追求更高的播放量是几乎所有新媒体视频工作者的工作使命，只有获得了足够高的播放量才有可能实现将流量转化为收益，也就是“流量变现”。影响播放量的因素非常多，内容题材、内容形式、内容质量、账号粉丝量、导流手段、是否涉及明星等因素都可能影响播放量。探索提高视频播放量的方法是新媒体视频工作者始终不变的工作之一。

（2）完播率。完播率是指完整播放视频的播放次数占总播放次数的比率，用公式表示即“完播率 = 完整播放次数 / 总播放次数”。

高质量的视频才能够吸引用户完整看完，内容浅薄或制作粗劣的视频通常无法让用户完整观看，自然无法获得较高的完播率。因此完播率是衡量视频质量高低的常用标准之一。由于完播造假在技术上比播放量和点赞量造假更难实现，通常完播率数据的真实度较高。因此完播率也是视频平台的视频推荐算法常用的依据之一，完播率高的视频通常能获得视频平台的推荐或流量扶持。

除内容质量和制作质量外，影响完播率的另一大要素是视频时长。时长越长的视频越难让用户耐心观看，完播率就越难提高。为追求更高的完播率，视频创作者应当在保证内容完整的情况下合理安排视频节奏，避免因视频冗长而影响粉丝的观看耐心，从而获得更高的完播率。

2. 反馈指标

（1）点赞量。点赞是当前互联网最常用的内容反馈形式之一，通常以人数作为统计单位。一个用户一般只能对同一个视频进行一次点赞，偶数点赞次数将取消点赞。无论平台的内容呈现形式是图文、音频还是视频，通常都会设置点赞功能。点赞量通常是衡量内容受欢迎程度的重要指标，会参与平台推荐机制的算法统计。

（2）转发量。转发量是指用户将视频转发给站内用户和站外用户次数的总和，通常以人次作为统计单位，是反映用户对视频的喜爱程度或讨论热度的反馈指标之一。但由于当前互联网各平台间因技术壁垒或竞争壁垒，并非所有视频的转发都能在各个平台间畅通无阻，因此部分视频平台不统计或不显示视频转发量，例如快手、淘宝等。

（3）收藏量。收藏量是指用户对可能想要重复观看的视频进行收藏的人数的总和，通常以人数作为统计单位。一个用户只能对同一个视频进行一次收藏，偶数次收藏一般会取消收藏。用户收藏后能在收藏夹中查找并多次观看，因此收藏量反映了用户对视频的喜爱或内容认可程度。

（4）评论量。评论量是视频讨论热度的反馈指标之一，但由于评论是开放式的讨论，且评论通常不限制单个用户的评论总量。因此评论量的高低不能代表用户对视频的内容是否认可以及是否喜爱。

（5）打赏功能。部分视频平台为鼓励视频创作者从发布视频中获得收益，开发了视频打赏功能。打赏行为的发起通常是基于粉丝用户对视频内容的认可或对创作者的喜爱，因此打赏也能成为衡量视频传播效果的指标。

当粉丝希望对视频内容或创作者从经济上进行支持时，可以通过视频打赏功能向作者发起赏金支付。在不同平台打赏功能的名称各不相同，例如抖音的视频打赏功能名为“赞赏视频”、哔哩哔哩的打赏功能名为“充电”。用户完成打赏后，部分平台可能会从赏金中抽取平台服务费，视频创作者并不能够全额获得粉丝用户的赏金。

除了直接向视频作者付费打赏，部分平台设置了对视频提供免费的精神赞赏的功能。与能够不限次数的点赞不同，精神赞赏功能通常有一定次数限制，或需要消耗粉丝用户的部分资源。例如抖音的“赞赏视频”功能每天只允许用户送出三次“小小心意”的虚拟鲜花、哔哩哔哩的“投币”功能会消耗用户账号内的虚拟硬币。因此虽为免费打赏，但相比于点赞，精神赞赏代表的喜爱度更高。

（三）内容策划与运营

视频账号创建完成后进入运营培育阶段。在账号培育初期，需要对账号的内容策划与粉丝管理进行完整的规划，以便在日常运营中按部就班完成每一步的管理工作，最终实现视频账号的壮大。

1. 内容题材与风格

与创作小说等其他文艺作品相同，规模化、产业化生产的新媒体视频内容同样需要确定题材与风格。只有在树立了明确的题材与风格，并在粉丝心中留下强烈的个性化、风格化印象后，视频账号才有可能形成稳定的粉丝群体。

（1）内容题材。题材的选择可以既可以从当下的热门话题入手，也可以从创作者熟知的领域进行深挖。以巨量星图的达人统计数据为例，截至 2022 年 6 月，平台达人的一级兴趣圈层分类达到 26 个，其中万粉以上创作者数量增长最快的一级兴趣类型为泛生活、“三农”、文化教育、美食、时尚、财经、汽车、明星、科技和体育。以上述 10 个题材为创作主要内容的创作者人数增长最快，这表明以上 10 个题材更受新人创作者青睐。

（2）内容风格。账号的风格基调则是影响粉丝对账号个性化认知的重要因素。同一个题材下采用不同的风格进行演绎，会产生截然不同的视频效果。例如，科普题材视频可以通过严谨的用词和写实的画面来演绎一个严谨的科学知识。按照这一风格长期贯彻，会给粉丝留下这是一个严肃的科普账号的整体印象；而使用俏皮的语言和逗趣的画面来展现一个科学道理，粉丝就会认为这是一个轻松有趣的科普账号。不同风格的账号会吸引有不同观看习惯的粉丝，而各种风格的视频对粉丝吸引力也各不相同。在快节奏、碎片化的信息获取时代，轻松、愉快、幽默的视频风格更容易获得粉丝的青睐。

2. 内容主题与形式

确定了账号的题材与风格后，需明确单期视频的内容主题与内容形式。

（1）内容主题。与写作、绘画等其他文艺作品形式相同，视频作品也需要有明确的主题。即使是相同的题材，不同的时期和不同的角度也会产生不同的主题。

当前自媒体视频内容的同质化现象日益突出，为了更快产出大量的视频争夺流量，越来越多的自媒体账号采取模仿甚至抄袭的方式获得内容，这一现象在竖版短视频平台中尤其突出。用户在观看视频时会发现，同一主题的内容在不同账号里反复播放，观点、情节乃至台词都几乎一模一样，仅仅是换了出镜的演员或主播来演绎。这种现象会对原创内容创作者造成经济和精神上的打击，对鼓励原创内容生产相当不利。因此，新媒体视频创作者应积极参与原创内容的保护工作，坚持用独到的主题思想和精神立意一同打造百花齐放的新媒体视频行业。

（2）内容形式。视频内容的组织形式是指视频主题思想的具体呈现形式，包括纪实影像、人物访谈、单人出镜解说、情景短剧、素材混剪、图文解说、动画演绎等。随着拍摄技术的提升和剪辑工具的不断迭代，视频的内容形式也在不断推陈出新。当前最受自媒体视频创作者青睐的视频形式是单人出镜解说和素材混剪，由于其拍摄难度低、剪辑难度低、内容表达自由的创作优势，使大量的个人视频创作者即使是零基础也能打造个人账号。

3. 更新周期与频率

新媒体视频账号的更新周期和更新频率决定了账号的活跃度。与传统电视台有规律地编排和播送电视节目类似，新媒体视频账号如果有规律地更新视频作品，会让粉丝形成“约会感”，每到视频更新的时段粉丝就会想起有新的视频内容可以观看，提高粉丝关注度与黏性。通常更新周期越短越能持续刺激粉丝的关注，更新周期越长越难利用上一条视频的热度刺激粉丝持续观看新的作品。

根据视频制作的难度，主流更新周期一般分为月更、周更、两日更和日更。月更和周更常见于大型综艺节目、影视剧、动漫等需要较长制作周期的专业视频作品，而自媒体视频的制作难度低、制作成本低，通常采用周更、两日更和日更的更新周期，少数账号还会采用一日两更甚至一日多更的高频更新模式。对于自媒体账号而言，最合适的更新频率一般是两日更或日更，这样既给创作团队保留了更新作品的时间，又给作品保留了传播的时间。除了上述有规律的更新频率外，部分自媒体视频账号还采用不定期更新的运营模式，不约束创作周期，以稿件质量优先。

4. *粉丝互动与管理*

新媒体视频账号运营到一定阶段，就会在评论区积累一定的评论量，部分用户也会转化为粉丝。对不同层级的粉丝开展互动并进行粉丝管理，是新媒体视频运营者维持账号长期稳定发展的必要运营环节。以下是几种新媒体视频账号常见的管理手段与技巧。

（1）评论互动与管理。新媒体视频作品发布后，只要开放评论区，或多或少能收到一些用户的评论。评论内容五花八门，包括对内容的评价与意见、对内容的讨论与延伸、根据内容开展的玩梗与调侃等。为了活跃评论区气氛、引导用户向粉丝转化、规避评论区的不当言论，账号运营者要及时对评论区内容进行管理。以下是评论管理的常见手段：

1）评论互动。根据用户发表的评论与其互动，可以通过解答疑惑、疏导情绪、开展活动、引导关注、促进成交等行为实现不同目的的评论管理。账号运营者也可以通过评论中粉丝用户反馈的具体诉求、意见和情绪总结出改进的方向或挖掘新的素材。

2）评论管控。当评论区出现不利于账号的恶评、争吵等言论时，必要的控评是维持账号秩序和氛围的重要手段。如果只是少数用户发表了不当言论，可以使用删评、举报等功能实现控评；如评论区出现大量不良言论时，关闭评论或仅限特定用户评论是快速完成控评的手段。但控评的同时也可能伴随一定的舆论风险，部分情况下控评可能导致用户的进一步不满和质疑。

（2）粉丝沟通与管理。新媒体视频账号在积累粉丝的同时能进行适当的粉丝管理，以下是常用的粉丝管理手段。

1）建立联系。虽然用户对账号进行了关注，成为了账号的“粉丝”，但不借助即时通信工具与粉丝建立联系，粉丝可能永远只是账号的内容关注者，无法发展成能参与真实互动的追随者或者带来变现的消费者。常用的建立粉丝联系的方法有两种。一是利用点对点即时通信工具如站内私信、微信、企业微信、QQ 等工具点对点与粉丝沟通联系，利用视频更新资讯、活动资讯或服务咨询等进一步拉近与粉丝的距离，促进粉丝的活跃度。点对点沟通的私密性更好，能针对不同用户开展定制化沟通和服务，但点对点沟通的时间成本和人工成本通常较高，不利于小型运营团队长期开展。二是利用群聊工具如站内粉丝群、微信群、QQ 群等工具，开展一对多的粉丝沟通互动，这也是当前新媒体运营者最常用的与粉丝沟通的方式。这种一对多的沟通方式降低了运营者的时间成本和人工成本，且由于粉丝因相同的爱好在同一空间聚集，彼此之间也会产生一定的互动。相比于点对点沟通，一对多沟通更能产生互动氛围。如果群聊氛围足够活跃，群内粉丝还可能自发邀约其他人入群，以便于壮大粉丝群体。但群聊沟通的弊端则是私密性差，不利于开展针对性的沟通，如果需要单点沟通则需利用点对点沟通模式。此外，由于群内消息的透明性，如果发生负面事件，群聊可能成为催化负面情绪蔓延的空间。

2）粉丝分级。当粉丝积累到一定程度并开始商业化管理时，运营者可以对粉丝开展分级管理制度。粉丝分级与常见的会员等级制度相似，运营者可以根据粉丝的活跃度、消费记录或其他指标分级管理，不同等级的粉丝赋予不同层次的权益，以此刺激粉丝向高等级转化。分级管理可以利用视频平台的站内粉丝管理工具，或利用即时通信工具人工分级。

（四）引流策略

对新媒体视频而言，视频流量是最重要的效果指标，也是实现流量变现的重要基础。因此，除了内容上潜心策划、制作上精心拍摄与编辑，发布后采取适当的引流策略也是非常必要的运营手段。

1. 自然流量导入

自然流量导入指的是不借助付费手段，仅依靠视频本身的内容热度带来的自然播放量。当视频获得足够热度后会被系统判定为热门视频或内容优质视频，从而推荐给更多的视频用户，并出现在用户推荐页面或直接编排在信息流中向用户播放。自然流量的导入费用低、门槛低，但同时也有效率低、速度慢的缺点。以下几种手段能一定程度上导入自然流量。

（1）发动转发。发动转发是最常见的导入自然流量的方式，通常可以借助聊天群、朋友圈、站内私信等功能发动创作团队、亲友、粉丝等群体观看与转发新发布的视频，让这些最易发动的群体带来视频的基础热度。

（2）话题与标签。为视频添加话题与标签可以将视频投放或归类至对应受众的流量池，参与相关话题或内容的流量推荐。例如，添加“高考”标签，视频将被归类为以高考为主题的内容分区，自动参与关注高考的用户的算法推荐中；添加话题“# 我为祖国唱首歌”，视频将参与相关话题讨论，并呈现于该话题的内容列表中，浏览该话题的用户就可能看到该视频。

2. 付费流量导入

为了快速获得流量，可以通过付费手段购买平台的流量推荐。例如，抖音的“帮上热门”（也称 DOU+ 上热门）功能可以根据需求，选择多个无营销属性的视频进行流量投放，付费投放后通过平台的导流可快速提升点赞评论量、粉丝量、主页浏览量等不同的数据指标（图 8-14）。哔哩哔哩的视频流量投放名为“B 站内容起飞”（俗称 B 站个人起飞），是指付费购买 B 站的公域流量用于原创非商业化的视频内容推广，增加视频曝光量、播放量、粉丝量，进而实现 UP 主快速提升账号的整体数据并向第三方平台引流的方法。

图 8-14 “DOU+ 上热门”界面

3. 借力导流

借力导流也可称为流量借力，是指借助已经积累了较强社会影响力或粉丝基数较大的名人账号，将他们的粉丝引导至培育中的账号的导流方式。具体操作手段有以下几种：

（1）名人出镜。邀请名人直接参与视频出镜，吸引该名人原有的粉丝观看新创作的视频作品。如能成功吸引名人原粉丝对账号其他内容的兴趣，将提高账号视频的整体播放量，甚至获得粉丝增长。

（2）联合创作与发布。邀请名人或拥有较大粉丝基数的账号联合创作与发布视频，并利用视频或内容相互提及与推荐，即使名人未直接参与视频出镜，也可以引导名人账号的粉丝向培养中的账号导流，增加视频观看量或粉丝数量。某些平台还为联合发布以及联合创作设置了相应功能，例如抖音的视频发布功能中设置了“联合创作”功能，通过选中“联合创作”功能的作者，新发布的视频将同时出现在联合创作作者的作品列表中，实现流量共享。哔哩哔哩的联合发布功能名为“多人合作”，功能与“联合创作”类似，能够实现视频作品在选中的多个创作者账号中显示，并共享视频流量，实现较好的借力效果。

4. 扶持性流量

多数新媒体视频平台为扶持新人创作者制作更高质量的视频，设立了不同形式的创作者激励计划。这些激励计划中，视频流量扶持是最基本的一种激励形式。申请并满足激励条件的创作者，平台会相应给与流量倾斜，为创作者免费提供流量导入，其效果与付费投流相同，但无需向平台支付费用。

（五）平台矩阵搭建

在数学中，矩阵是一个按照长方阵列排列的复数或实数集合，现在引申到各个行业中，表示某一类资源或工具的集合。新媒体视频平台矩阵指的是利用当下新媒体视频平台百花齐放的行业特点，在不同平台同时创建并运营账号。利用不同平台各自的粉丝特点，吸纳不同的粉丝群体，实现以较小的创作投入获得更多的粉丝效应，而多平台账号的集合就是“平台矩阵”或“账号矩阵”。

平台矩阵的搭建并不是简单地将同一视频内容直接发布在不同平台，而是应当根据不同平台的特点进行一定的定制化制作。建议将运营状况最好的平台选定为账号矩阵中的主阵地，而其他平台的作品则以主阵地的作品为蓝本进行定制化编辑。

（六）运营复盘

视频发布后，对流通中的视频进行数据分析和效果研判的过程叫运营复盘。运营复盘的指标通常包含播放量、完播率、点赞量、转发量、收藏量、评论量等。通过对比自身账号的其他视频数据，能了解自身视频的数据是否进步；而对比同类型的其他账号视频数据，能了解自身视频在同类视频中的水平。

运营复盘可以通过直接获取视频列表中各视频公开展示的数据进行分析，也能借助平台在账号后台中设置的“数据中心”或“账号诊断”功能进行分析。抖音“数据中心”界面如图 8-15 所示。

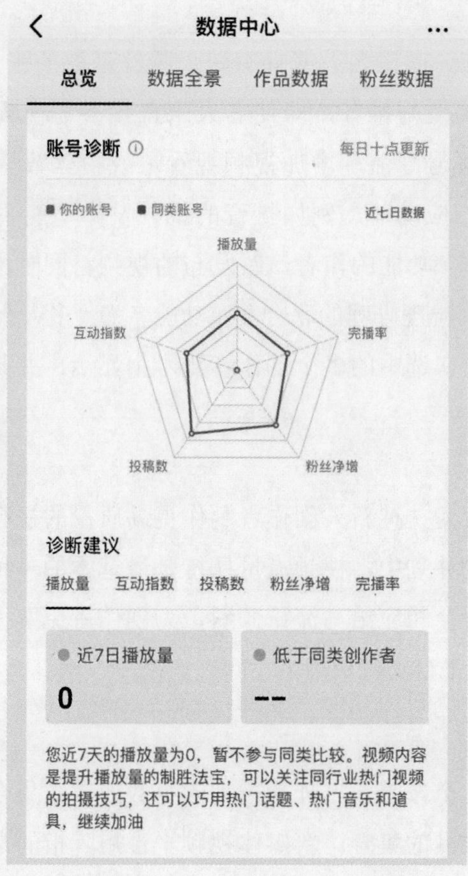

图 8-15　抖音“数据中心”界面

根据数据中心提供的数据及图表，运营者能清晰地判断账号的运营情况，并根据数据情况及时调整运营策略，以下是短视频营销运营复盘报告模板，如表 8-1 所示。

表 8-1　短视频营销运营复盘报告模板

短视频营销运营复盘报告
一、短视频数据概况分析
二、完播率分析复盘与优化
三、点赞率分析复盘与优化
四、评论率分析复盘与优化
五、转发率分析复盘与优化

续表

短视频营销运营复盘报告
六、吸粉率分析复盘与优化
七、其他数据分析（点赞量 / 播放比、粉丝数 / 点赞比、评论 / 点赞比）
八、发布后预案编写

（七）内容变现

内容变现是指通过发布视频内容获得经济收益，这是大多数新媒体视频创作者的最终目的。现今新媒体视频发展迅猛，内容变现的商业模式也在不断更新与变化，以下是常见的几种内容变现的形式：

1. 内容打赏

如本项目介绍的“打赏功能”，账号开通打赏功能后可接受粉丝的直接打赏，从而获得经济收益。在不同的新媒体视频平台，打赏功能的名称不一样，但本质都是粉丝自愿付费。内容打赏是内容变现最简单、最自由的方式，但由于是否付费、付费金额多少都纯靠粉丝自愿，因此内容打赏相对而言是收入最不稳定的方式，哔哩哔哩“充电”功能界面如图 8-16 所示。

图 8-16　哔哩哔哩“充电”功能界面

2. 广告植入

与传统影视剧、综艺节目中植入广告相似，新媒体视频同样可以通过植入硬性或软性广告获得收益。当账号粉丝积累到一定程度，视频账号的运营者就能够主动或被动开展品牌商业合作，利用账号的流量优势赚取广告收益。广告植入的营利方式多种多样，包括直接赚取推广费、商品分销抽成、视频流量分成等。

3. 平台分成

如前述“新媒体视频平台对内容创作的扶持计划”中介绍的一样，众多新媒体视频平台都已开通广告分成计划，新媒体创作者无须开展商业接洽，只要满足计划要求的条件并完成申请，就能利用视频产生的流量从平台赚取广告分成收益。例如在“抖音创作者广告分成计划”中，当粉丝进入了参与广告分成计划的创作者个人首页，并点击观看了主页中的视频时，系统会自动将平台中已经生成的广告视频编排至用户的视频信息流中，用户一个接一个浏览主页视频的过程中就会看到平台自动投放给用户的广告视频。播放数据产生后，创作者就能获得本次广告播放的流量分成。

4. 版权授权

专业内容生产团队能通过内容版权授权赚取版权费，或用观看抽成等方式进行内容变现。以完成一部商业电视剧制作为例，可以将电视剧的商业版权以有限期限授权的形式授权给视频平台，获取一次性版权授权费；或以观看抽成的形式，与平台协商约定每发生一次会员观看行为，就按照约定的费用予以结算抽成。该模式较常见于爱奇艺、优酷、腾讯视频、芒果 TV、乐视 TV、哔哩哔哩等长视频平台。

5. 付费观看

与版权授权不同，付费观看是视频创作者直接从观看者本身收取视频观看费用的营利模式。该模式通常运用于影视剧、电影、纪录片、网课等制作门槛较高的视频作品。当用户想要观看某付费内容时，需单独购买某集或者某系列内容才能点播观看对应视频。该购买行为与用户是否为该平台会员无关，仅针对特定内容设置付费门槛。付费发生后，视频创作者即可按照与平台的约定直接获取收益。该模式较常见于爱奇艺、优酷、腾讯视频、芒果 TV、哔哩哔哩等长视频平台。

课中自测

1. 如何创建新媒体视频账号？
2. 如何选定新媒体视频平台？
3. 如何分析目标受众？
4. 如何为账号及视频引流？
5. 内容变现的方法有哪几种？

项目实施

通过实际创建与运营视频账号，让学生掌握账号的基本运营方法，形成内容变现意识。

新媒体视频发布与运营项目实施列表

<table>
<tr><td colspan="5">项目名称：</td></tr>
<tr><td>组长：</td><td>副组长：</td><td>成员：</td><td>成员：</td><td>成员：</td></tr>
</table>

<table>
<tr><th colspan="4">实施步骤</th></tr>
<tr><th>序号</th><th>内容</th><th>完成时间</th><th>负责人</th></tr>
<tr><td>1</td><td>平台选择与账号创建</td><td></td><td></td></tr>
<tr><td>2</td><td>制定账号内容策略</td><td></td><td></td></tr>
<tr><td>3</td><td>发布新媒体视频与引流</td><td></td><td></td></tr>
<tr><td>4</td><td>评论与粉丝管理</td><td></td><td></td></tr>
<tr><td>5</td><td>申请加入平台扶持计划</td><td></td><td></td></tr>
<tr><td>6</td><td>其他</td><td></td><td></td></tr>
<tr><th colspan="4">实操要点</th></tr>
<tr><td>1</td><td colspan="3">视频平台的选择要符合账号所需的目标粉丝群及内容风格，账号命名尽可能突出特点与风格</td></tr>
<tr><td>2</td><td colspan="3">视频内容的策划要尽可能长远，力求形成鲜明且固定的主题与风格，更新频率保持在日更或两日更</td></tr>
<tr><td>3</td><td colspan="3">引流渠道要广泛覆盖，可选择不同的措施并对比实际效果</td></tr>
</table>

作品展示

以小组为单位，上台分享创作心得，在课堂上进行作品展示。教师点评，学生互评，并利用课后时间修改作品。

项目评价

新媒体视频发布与运营项目评价表

<table>
<tr><td colspan="5">项目名称：</td></tr>
<tr><th>评价项目</th><th>评价因素</th><th>满分</th><th>自评分</th><th>教师评分</th></tr>
<tr><td rowspan="4">账号创建</td><td>平台选择</td><td>5</td><td></td><td></td></tr>
<tr><td>账号命名</td><td>5</td><td></td><td></td></tr>
<tr><td>账号头像</td><td>5</td><td></td><td></td></tr>
<tr><td>账号说明</td><td>5</td><td></td><td></td></tr>
</table>

续表

评价项目	评价因素	满分	自评分	教师评分
账号内容策划	主题制定	10		
	风格设立	5		
	视频形式（时长、横竖屏、拍摄方式等）	15		
	每期内容规划	15		
账号运营	视频更新频率	5		
	视频引流	10		
	视频数据（点赞量、播放量、收藏量、评论量）	10		
	粉丝管理	5		
	评论管理	5		
总分				
综合评分：自评分（50%）+ 教师评分（50%）				

项目完成情况分析	
优点	缺点

整改措施